国家出版基金项目
NATIONAL PUBLICATION FOUNDATION

超级科学

CHAOJI KEXUE

"天眼"看太空

TIANYAN KAN TAIKONG

王令朝◎著

U0353403

云南出版集团　晨光出版社

图书在版编目（CIP）数据

"天眼"看太空/王令朝著.—昆明：晨光出版社，
2017.9
（超级科学）
ISBN 978-7-5414-9155-9

Ⅰ.①天… Ⅱ.①王… Ⅲ.①宇宙－少儿读物
Ⅳ.①P159-49

中国版本图书馆CIP数据核字(2017)第179227号

"天眼"看太空

出 版 人	吉 彤
策 划	吉 彤　李云华
作 者	王令朝
责任编辑	朱凤娟
责任校对	杨小彤
装帧设计	周 鑫　张颂东　周 蓓
责任印制	郁梅红
出版发行	云南出版集团　晨光出版社
地 址	昆明市环城西路609号新闻出版大楼
邮 编	650034
电 话	0871-64186745（发行部）
	0871-64178927（互联网营销部）
法律顾问	云南上首律师事务所　杜晓秋
排 版	云南玺道文化传播有限公司
印 刷	昆明骏美彩色印务有限公司
开 本	720mm×1010mm　1/16
印 张	9.5
字 数	133千
版 次	2018年1月第1版
印 次	2018年1月第1次印刷
书 号	ISBN 978-7-5414-9155-9
定 价	28.50元

前言 Preface

　　在当今浩如烟海的知识宝库中，蕴藏着丰富的新奇科学技术知识。在犹如蛛网般互联网纷至沓来信息的冲击下，人们想要找到去伪存真的科学知识实属不易，而要让众多小学生获得其喜闻乐见的科普作品更是难上加难。

　　为此，在这本《"天眼"看太空》航空航天科学分册中，你可以读到：航空科技谱新曲、超级航天科技、人类太空探秘之路、载人航天工程、探寻太空里的生命、航天的趣闻轶事……让这些颇为高深神秘的科学知识，展现它们的"庐山真面目"，为你打开一扇知识之窗。

　　整套丛书既充满了科学性、趣味性和知识性的品质，又有通俗易懂、引人入胜和图文并茂的特色。每个专题的选取突出"代表性""规范性"和"易读性"。文章中的每一句话、每一个字，作者倾其所能地精心谋思、引经据典，既力求规避画蛇添足之嫌，又力求取得画龙点睛之效。当你阅读每一篇文章时，你都会感到犹如在听一个生动有趣的故事般愉悦和享受，与此同时，你也会收获一份难得的课外时光。

　　读书之所以是生活中不可缺失的重要一环，是因为读书可以增长知识和才干，读书可以作为一种排忧解难的方式。处世行事时，正确运用科学知识意味着你有才华；孤单寂寞时，阅读可以为你排解疑惑。因此，读书使人感到充实。对一本好书，则更要通读、细读和反复阅读，循序而渐进，熟读而善思，温故而知新。

可以说，打开所有科学的钥匙都是一个问号，伟大的科学发明归功于"为什么"，生活的智慧也来源于逢事问个"为什么"。而一本好书，就可以让你从中找到心目中想要的答案。

我真诚地祈愿，即使世纪不断地交替向前，这套"超级科学"丛书也不会像时间那样成为匆匆过客，而是像一盏永不熄灭的心灵之灯，照亮每一个读者朋友的科学之路、知识之路和梦想之路。

最后，我由衷地感谢姜美琦、王晨逸、曹峻、廖少先、汪蕙绮对丛书给予的帮助和支持。

王令朝
2017年5月

Contents | 目录 ①

超级航天科技 / 001

穿越星际的超级引擎技术 / 002

如何应对"世界末日" / 007

预防灾难的"神器" / 011

中国跻身火星探测"俱乐部" / 016

一箭多星发射技术 / 021

航空科技谱新曲 / 026

2050年客机会是啥模样 / 027

风洞——新型飞机的"摇篮" / 031

到底可以飞多快 / 036

生活里的航空高科技 / 040

终结机场的未来神器 / 044

航天的趣闻轶事 / 048

航天员在空间站如何生活 / 049

太空里生病怎么办 / 053

太空也要清扫垃圾吗 / 057

一支太空笔的神奇故事 / 062

在火星上"开车"啥滋味 / 067

Contents | 目录 ②

人类探秘太空之路 / 072

"嫦娥奔月"的幕后戏 / 073

"玉兔号"发现秘密 / 077

从"嫦娥"飞船解读探月工程 / 082

行星上的一年是多久 / 087

"天眼"看太空 / 092

探寻太空里的生命 / 097

外星人是啥模样 / 098

寻找外星人 / 103

外星人也在寻找人类吗 / 107

为何人类未能发现地外生命 / 111

为什么外星人不给地球人回信 / 116

载人航天工程 / 122

"天宫二号"接力载人航天梦想 / 123

人类移民火星怎么生活 / 129

神舟飞船究竟"神"在哪里 / 134

未来人类会住在火星上吗 / 138

未来太空城的设想 / 143

超级
航天科技

穿越星际的
超级引擎技术

　　晨莉在一所市实验小学上五年级，她从小就是一个对周围一切充满幻想的女孩，经常向爷爷奶奶嚷着要"摘星星""捞月亮"。如今的晨莉对神秘莫测的太空技术着了迷。飞船啊，火箭啊，空间站啊，凡是与探测太空奥秘沾亲带故的科学技术，都要在脑海里转一转过一遍。她的书房里摆满了各种各样有关太空的科幻读物，难怪同学们给她起了个外号，叫"太空妹"，就连爸爸妈妈也认为她是"未来科学家"的料。

　　一天，晨莉在互联网上看到新华社记者发布的一篇专访报道，我国空间技术专家正在积极准备采用一种全电推进的离子引擎技术，在2020年前后用来发射一颗宇宙通信卫星，以便穿越星际。

　　晨莉不由得想，这种闻所未闻的离子引擎究竟是什么东西啊？于是乎，晨莉迫不及待地向市少年科学站的特邀火箭专家张博士请教。

　　张博士笑呵呵地把晨莉带到研究所的办公室，拿出一个火箭模型对晨莉说："要想知道火箭的离子引擎是什么，就得先从传统火箭的工作原理说起。传统火箭之所以能够发射飞向太空，是因为它有像飞机、汽车和船舶相类似的发动机，也就是平时人们所说的引擎，正是由发动机产生的强大动力，才能让火箭升空。与飞机、汽车和船舶的发动机不同的是，传统的火箭发动机采用的是由氧化剂和燃料组成的固体或液体推进剂，通过推进剂高压高温燃烧产生炽热的高速气体，让火箭获得发射的推力。人们在火箭发射时所看到的从火箭尾部喷发出的一串红彤彤的火焰，正是推动火箭向高空飞行的动力源。"

张博士接着说："所谓离子引擎，又叫作离子发动机，在工作原理上它与传统火箭的发动机并没有什么区别，也是采用同样的喷气式工作原理。所不同的是，离子发动机在工作时，并不是通过燃烧固体或液体推进剂来产生炽热的高速气体，而是先将推进剂实施汽化、电离变成粒子，再通过离子发动机的电磁场对其进行加速，最后喷出一束能量巨大的高速电粒子或离子流，以其反作用力来推动火箭飞行。"

晨莉好奇地问："既然如此，离子发动机和传统火箭发动机都是利用喷气式工作原理，那么人们为什么要研发离子发动机呢？它与传统的发动机有什么不同呢？"

张博士指着火箭模型对晨莉说："别看高高竖起的大型火箭外表蔚为壮观，实际上，装在内部的发动机体积并不十分庞大，而裸露在外的火箭推进剂储存箱却占了绝大部分空间。举个例子来说吧，在美国国家航空航天局阿波罗计划的'土星5

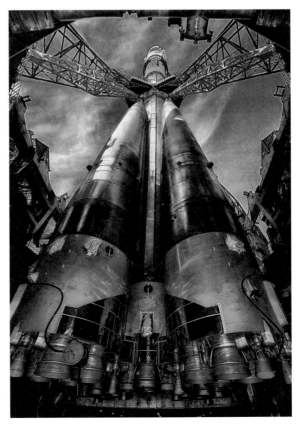

号'运载火箭中，这个由三级火箭组成的大型火箭，总共装满了2300吨的液氧和液氢煤油推进剂，在发射点火后短短的2分34秒之内，5台火箭发动机就将这些巨量'饮料'全部'喝'完了，而'土星5号'运载火箭包括5台发动机在内的自身重量仅为131吨。"

"科学家算了一笔账：实际上，'土星5号'运载火箭所产生的推力高达3500吨，而仅仅把47吨重的'阿波罗'号载人宇宙飞船送上月球轨道，其绝大多数的推力却用来'托举'火箭自身和2300多吨燃料。可想而知，'土星5号'运载火箭虽然被人们称为身材巨大魁梧的'大力神'，但真正能够用在刀刃上的力道却寥寥无几，也就是说，如今传统的运载火箭虽然越造越大，但是它的工作效率却极其低下。更要命的是，如果人们只是从地面将飞行器发射到太空，那么，这种利用化学燃料推进剂工作的火箭发动机尚且还能够容忍，如果是飞行器要在广袤宇宙空间中进行长时间的航行，这种缺点就不容忽视了。这是因为在太阳系内，飞行器穿梭于不同的行星之间，往往需要经历漫长的飞行时间，若是依靠传统发动机的推进方式，不但需要耗费巨量的燃料、浪费运载火箭的有效空间，而且它的加速效果并不理想。为了解决这一技术难题，在科学家的不懈努力下，以离子推进技术为基础的离子引擎终于应运而生。"张博士解释说。

晨莉又问张博士："那么，与传统火箭发动机相比，离子发动机

有哪些优点呢？"

张博士回答说："首先，离子发动机的体形十分娇小，几乎可以与普通汽车使用的发动机相媲美，可以大大节省飞行器里的有限空间。其次，尽管离子发动机个子小、推力弱，但是它的推进剂消耗少、推力持续时间长。换句话说，传统火箭发动机虽然推力巨大，但持续时间极短，飞行器执行深空任务时，一旦燃料用完，这就意味着飞行器无法调整航向、无法调整姿态、无法减速'刹车'，成了一匹脱缰的野马。而对于离子发动机来说，它采用全电力推进方式，非常节省推进剂。一个使用最先进离子发动机的飞行器，在连续运行5年之后，它所消耗的推进剂竟然只有770千克，而且飞行器持续不断积累推力后可以达到惊人的速度，原本使用传统火箭发动机的飞行器需要200多天才能到火星，而离子发动机仅需30多天，当然这一切都是发生在阻力几乎可以忽略不计的太空里。"

晨莉听后，接着问张博士："那么，离子发动机的全电推进究竟又是怎么回事啊？"

张博士告诉晨莉："所谓全电推进，顾名思义，就是依靠电力来推动飞行器，而不是通过燃烧固体或液态化学燃料来产生炽热的高速气体。当离子发动机处于全电推进的工作模式时，从飞行器太阳能电池板上所获得的电力，会把离子发动机内部的惰性气体分子变成离

子，并使它们带电通过电场加速，最终形成一股高速离子气流从离子发动机后部喷出，从而推动飞行器前行。也就是说，全电推进离子发动机的重要作用，是在太空中扮演飞行器动力的角色，而并非只用来把飞行器从地面送上太空，通常它可以连续工作1万小时以上。"

晨莉迫不及待地问："那么，我国全电推进离子发动机的研究情况怎么样啊？"

张博士用异常兴奋的语气回答道："我国科研人员经过十多年不懈的努力，在全电推进离子发动机领域中取得了一系列的丰硕成果，如今已研制出功率达到5千瓦量级的全电推进离子发动机，可以与目前世界上最新一代的美国国家航空航天局全电推进离子发动机相媲美。据悉，到2020年，我国空间技术研究院将推出50千瓦量级的大功率全电推进离子发动机，为探测火星的宇宙飞船提供动力。"

如何应对"世界末日"

　　从科幻电影《2012》，到悬疑动作片《末日迷踪》，再到一名自称是"未来预言家"的"先知"埃弗拉因·罗德里格斯宣称：2015年9月，人类将面临"世界末日"，一颗小行星将撞击波多黎各，地球上的生命将消失……霎时间，"世界末日"成为大众议论的热点。

　　自冰冰记事起，就听说过许多关于"世界末日"的说法：彗星撞击地球、地震、海啸、UFO入侵地球，乃至最新版"世界末日"的传说……这些令人恐惧的字眼，始终回荡在人们的心间。冰冰不由得心想：可怕的"世界末日"并未到来，科学家是如何看待"世界末日"这个说法的呢？

　　有一天，冰冰把这个想法告诉了张博士，期待解开心中的疑惑。

　　张博士告诉冰冰："实际上，人们的这种担忧也并非空穴来风，正如美国宇航局的科学家所说的那样，地外小行星等天体撞击地球，的确是人类面临的最大威胁之一。但是，发生能够导致地球文明毁灭的撞击，仍然是一个小概率事件。这是因为地球在太阳系中所处的位置十分优越，其他巨大的行星会将有潜在危险的小行星等天体从地球周边拉开，让地球躲开这些不速之客的侵害。纵观宇宙历史长河，科

学家研究发现，早在白垩纪，一颗直径约10千米的小行星撞击地球，落在了现今墨西哥尤卡坦半岛上，此次相当于10亿颗广岛原子弹爆炸的撞击，不但撞出了一个巨大的陨石坑，而且导致恐龙从此灭绝。1908年，一颗小行星撞击了俄罗斯，导致了一场里氏5级的地震，幸好撞击地点处于非常偏僻的地区，仅有一人死亡。最近一次撞击事件发生在2013年，一块陨石撞在俄罗斯的车里雅宾斯克地区，造成建筑物大规模破坏。"

冰冰迫不及待地问张博士："如此说来，地外小行星等天体撞击地球确有其事，那么，这真的会导致'世界末日'吗？"

张博士回答说："事实上，地球几乎每时每刻都会受到太空天体的撞击，它们是否会对地球造成毁灭性的打击，这主要取决于小行星等天体的'块头'大小。据美国国家航空航天局科学家的估算，如果一颗小行星要造成全球的毁灭性灾难，它的直径至少要在400米以上，而且这种事件发生的可能性也只是'十万年一遇'，所以并非像科幻电影中所描绘的天崩地裂、哀鸿遍野的情景，更不是某些预言家所宣扬的耸人听闻的灭顶之灾。尽管如此，航天科学家们还是认为，假如有一天一块足够大的太空天体撞向地球，那对于被撞地区的人们来说，将是非常糟糕的一天。为此，他们正在想方设法，寻找一种避免太空小行星等天体撞击地球的技术对策，以确保地球上人类的绝对安全。"

冰冰接着问张博士："那么，航天科学家们究竟会采用什么样的技术对策呢？"

张博士告诉冰冰："据美国国家航空航天局和洛克希德·马丁公司的科学家透露，从《2012》上映后，美国国家航空航天局就开始投资，开展一项被命名为'近地小行星分析归类'的科研活动。一名参加该研究项目的科学家斯蒂芬·乔利宣称：该项科研活动主要包括两项重要任务：一是要找到一种技术方法，让人们能够接近那些正在靠近地球的小行星等天体；二是要设法改变小行星等天体的运行轨道。目前，美国国家航空航天局已经对可能威胁地球的1400多颗近地小行星进行监控，并在多次太空探测活动中，不断地带回诸如星际尘埃、彗星物质或太阳深处辐射粒子等各种样本，以随时随地发现这些小行星的新变化和新动向。"

冰冰又问张博士："那么，美国国家航空航天局的科学家有什么新的发现吗？"

张博士回答说："美国国家航空航天局的科学家通过'近地小行星分析归类'项目，发现了一颗编号为'101955'的小行星，这颗小行星很有可能在22世纪末撞击地球。为了阻止这起可能发生的地球灾难，科学家准备利用一个载人航天器，试图设法改变这颗小行星的运行轨道。这个由洛克希德·马丁公司研制的'奥利西斯雷克斯'（OSIRIS-Rex）载人航天器，于2016年12月28日成功执行其第一次深空机动。这个将改变人类与小行星关系的设想是，先将'OSIRIS-Rex'载人航天器发射进入预定轨道，随后让它靠近这颗'101955'小行星，宇航员采集该小行星样本后带回地球，供科学家进行分析研究。科学家宣称，这仅仅是计划的第一步，也不会采取炸掉小行星的行动，而下一步的重头戏是，设法找到改变小行星运行轨迹的关键技术。"

　　冰冰好奇地追问："那么，除了防止小行星等天体撞击地球之外，保护地球文明不被毁灭还有其他技术措施吗？"

　　张博士告诉冰冰："绝大多数科学家指出，保护地球文明不仅仅需要防御小行星等天体的撞击，更需要全方位地保护地球本身。它们包括透彻了解地球的复杂环境，保护地球大气层，保护维持人类生存的一切要素等等。为此，科学家们正在努力解开火星这个最大的宇宙谜团，以便从这个地球'孪生兄弟'的星体上获得有益的启示。如今，美国国家航空航天局和洛克希德·马丁公司共同研制了一个名为'MAVEN'（火星大气与挥发物演化任务的简称）的探测器，让它在火星轨道上运行，与火星来个近距离亲密接触，并通过采集火星上空的样本，用来分析火星大气层及其挥发物演化的过程，从而为拟订保护地球的各种方案提供线索，化解人类文明可能面临的生存危机。"

预防灾难的"神器"

有一天，清清在网站上看到一条"科幻版"的新闻报道：2015年12月初，英国遭受一场被叫作"德斯蒙德"风暴的袭击，强风暴雨造成英格兰西北部坎布里亚郡大部分地区洪水泛滥、房屋损毁、电力中断，大批军警全力以赴应对灾情，救援被困家中的居民。然而，令人啼笑皆非的是，一位名叫彼得·克拉克森的72岁退休老人，在被困家中上演了一台活话剧，他居然穿上泳裤在被淹的厨房里游泳，与四周漂浮的锅碗瓢盆和其他厨房电器做伴，秀了一把无所畏惧的乐活瘾。

事后，清清突发奇想，如今科学技术突飞猛进，人类既然可以上天揽月、下海探秘，那么能不能借助"高大上"的太空技术，使人们不再遭受严重风暴、龙卷风和洪水等灾害的威胁呢？

几天之后，清清把这个想法告诉了张博士。

张博士笑呵呵地告诉清清："你的这个想法并非天方夜谭，实际上，科学家们自始至终都没有放弃过预防自然灾害的努力。其中最为大众所熟知的就数天气预报，与以往相比较，如今的气象台工作人员也开始用上了诸如气象卫星等航天技术，只不过还没有真正起到主动预防自然灾害的功效。最近，在美国加利福尼亚州帕罗奥图的一个实验室里，科学家们正在为此进行一系列的技术研究和科学试验。这个赫赫有名的航空实验室在2016年初对外宣称，他们的研究团队拥有一批国家航空航天局的专家、世界顶尖大学的科技领军人物以及著名商业公司的精英。在不久的将来，科研人员将开发出多项应用于预防自然灾害的太空技术，以实现保护人类生命财产安全的目的。"

清清好奇地问张博士："那么，如今气象部门是如何预测天气变化和自然灾害的呢？"

张博士回答说："现在，每一个人几乎毫无例外地都会看天气预报，但是，天有不测风云，想要准确预报三五天的天气状况确实是一件不容易的事情，要准确预报各种长短期自然灾害则更是难上加难。这是因为传统的天气预测主要是依靠设在地面上的气象站来观测的，加上在沙漠、高山、森林、海洋上建立气象站十分困难，因此人们不可能及时、准确、全面地得到各种气象数据。如今航天太空科技已经把气象卫星送上了天，气象部门的'武器装备'也已'鸟枪换大炮'，离地面36000千米高的气象卫星，把地球上的海洋、陆地看得

一清二楚，24小时观测着大气层的变化，并每隔20分钟向地面气象站传送一幅云图，气象工作者据此通过电脑可以计算出天气的各种变化。可以说，气象卫星犹如在气象工作者身上安上了一双智慧的'天眼'，任何蛛丝马迹都逃不过他们的视线，哪怕是在遥远的太平洋上空刚刚生成的台风，气象卫星也能发现它，并可以预测它今后几天的走向，这样能让人们有足够的时间做好准备，将台风灾害损失降低到最低程度。"

清清接着问："既然如此，那么美国科学家正在研发的预防自然灾害技术，与气象卫星技术有什么不同啊？"

张博士告诉清清："就目前的气象卫星技术而言，尽管它可以发现地球上空大气层的变化，然而它所测得的气象数据还不够全面，不够精准，气象工作者做出的只是一个趋势性的预测，特别是很难把握突发的龙卷风、暴风雨等威胁巨大的自然灾害。据有关统计资料表明，2015年，美国仅在5月内，就发生了412场龙卷风，造成的经济损失高达43亿美元，更不用说房屋倒塌、电力中断和人员伤亡所带来的严重影响。于是乎，美国科学家研发团队构想了一种能准确'捉拿'龙卷风、暴风雨的电子设备。研发人员宣称，这种被命名为静止卫星闪电测绘仪的装置，拥有在高空追踪闪电的神奇本领，从而以迅雷不及掩耳之势捕捉到龙卷风、暴风雨的影踪。"

清清按捺不住地问张博士："那么，用这个装置来追踪高空中的闪电，它与准确预报龙卷风有什么关系呢？"

张博士回答说："气象学家研究发现，在龙卷风活动形成之前的10分钟，高空中的闪电现象会急剧上升，如果人们能够及时掌握高空闪电的活动信息，就可以有足够的时间采取措施来应对，这就意味着人们可以凭此拯救更多的生命和挽回经济损失。据研发人员介绍，这个静止卫星闪电测绘仪不仅可以在1秒钟内为地球拍摄500张照片，记录高空闪电的活动情况，而且它还能为飞机提供避开风暴的导航服务，甚至在地面电网受到龙卷风、暴风雨的威胁时，还能向人们发出警告。这是因为有很多气象活动都发生在云层之中，而这个超级探测装置犹如一架功能强大的'哈勃'天文望远镜，时刻窥视着大气层的风云变幻。难怪研发人员自豪地说，在这个高科技装置的基础上加装一个太阳紫外成像仪，就能抓捕到日冕辐射的物质，追踪神出鬼没的地磁灾害，并向人们发出预警信号。换句话说，日冕所产生的大量气体和磁性粒子，会从太阳表面猛烈地抛射出来，几天之内便能到达地球上空，轻则导致卫星通信瞬间中止、飞机突然失控和电网短时瘫痪，重则造成全球大部分地区生活秩序严重混乱，甚至数月失去电力

供应。而这个装载在卫星上的仪器，便能知晓它们是什么时候发生的，将出现在地球哪个区域的上空。"

清清又问张博士："那么，美国科学家下一步还有什么相关的科学研究计划？"

张博士告诉清清："如今，人们离真正实现预防自然灾害的目标还有很长一段路要走。不少气象学家认为，人类想要完全搞清楚各种各样自然灾害发生的来龙去脉，必须从了解宇宙起源这个根本点着手。这是因为，尽管人们知道气象灾害发生在何地，但是，如今的天文望远镜或气象探测仪器还无法对这些神秘的现象进行观测。为此，美国科学家正在进一步研发诸如近红外线照相机等先进观测仪器，期望它们获取更多恒星及星系形成的详细图像和数据，以帮助科学家了解宇宙空间和时间相互作用对气象的影响，解释许多目前还无法解释的自然现象，从而为气象学家预防自然灾害提供有用的线索。据悉，2018年，美国国家航空航天局计划在发射的卫星上携带这些新型气象探测装备，人们将拭目以待。"

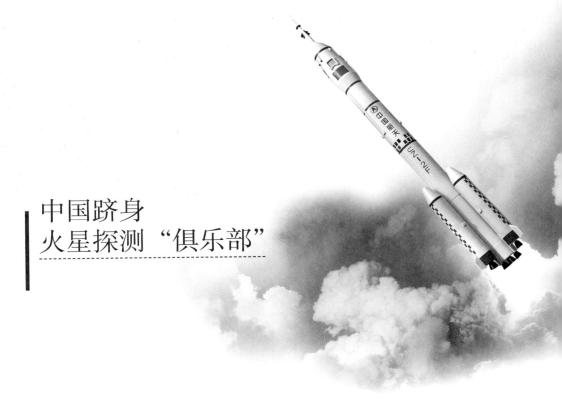

中国跻身
火星探测"俱乐部"

2015年11月3日，第17届中国国际工业博览会在上海隆重开幕。星期六上午，嘟嘟在爸爸妈妈的陪同下来到了展览会现场，一进展览馆，嘟嘟就迫不及待地朝航空航天展区跑去。身材短小的"长征六号"运载火箭，长得像"钢铁侠"一样的机器人宇航员"小天"，上半身锥形、下半身方形、通体金黄色的火星探测器模型……这些首次亮相的航空航天展品被参观者围了个水泄不通，嘟嘟在爸妈的协助下好不容易挤到了中国航天科技集团公司的展台前，一睹我国将在2020年自主发射的火星探测器的芳容。

在回家的路上，嘟嘟还是满脑子想着那金光灿灿的火星探测器，人们已经在探测月球了，为什么还要不辞辛劳地奔向"千里迢迢"的火星呢？

带着心中的这份疑惑，嘟嘟不假思索地找到了张博士。

张博士告诉嘟嘟："为什么要探测火星？这也许是大多数人想要知道的。1996年，著名天文学家、科普作家卡尔·萨根在《真实的火星地表景观》一书中，对这个问题做了全面又精彩的回答：首先，火星是目前在地球上人类能力所及范围内的较近行星之一，从长远来看，火星还是一个可供人类移居的星球。其次，大约40亿年以前，火星与地球的环境条件十分相似，而未知的原因却让如今的火星变成了另一个模样，探索火星的变化原因，也许能为保护地球找到对策。例如，火星有一个巨大的臭氧洞，那么一旦地球臭氧层消失会怎么样呢；又如，一旦找到曾经有过的生命化石或者绿洲，是否意味着只要满足某些条件，生命就能在荒芜的行星上重新崛起；再如，一方面就公众而言，对火星探测有着浓厚的兴趣和期待，另一方面就天文学家而言，火星是许多新技术、新装备理想的试验场地，火星探测也是航天科技国际合作的理想项目……难怪乎，全世界科学家一致认为，以上任何一条理由都足以说明人类要探测火星的必要性。"

嘟嘟接着问张博士："那么，人类探索火星的行动进展顺利吗？"

张博士回答说："火星是人类尝试探索的第一颗行星，在漫长的探索历程中，人们从早期飞掠火星对它进行拍摄，从一睹它的神秘芳容开始，进而把探测器送入火星轨道绕飞，对火星实施'面对面'监测采集信息，再到让探测飞船登陆火星，进行实地取样考察……然而，面对试图拜访自己的人类，火星不像月球那样'乖巧听话'容易对付，人们探索火星的行动几乎一大半都失败了。航天科学家告诉人

们，火星探索并非想象中那么容易。在迄今为止的43个火星探测器发射中，仅仅成功了17次，失败了25次。欧洲空间局发射的'火星快车'探测器仅取得了部分成功。其中，成绩最佳的要数美国国家航空航天局，总共取得了16次成功，4次失败。而最惨不忍睹的是俄罗斯（包括苏联）航天局，在1960年到2011年间的20次发射中，居然全军覆没，无一成功！最幸运的是2013年11月5日印度发射的'曼加里安'号火星探测器，首次发射便成功进入火星轨道。而日本于1998年发射的第一个火星探测器'希望'号，在预定的5年时间内并未到达火星轨道，从此杳无消息，一去不复返。"

嘟嘟迫不及待地问："如今，我国的'嫦娥探月'航天工程开展得如火如荼，那么在火星探索领域我国航天部门又有什么计划呢？"

张博士告诉嘟嘟："实际上，我国航天人对火星探索的研究和计划由来已久，并开展了一系列的理论论证和实践试验，只是出于保密原因未曾大张旗鼓地宣传而已。最值得一提的是，我国自主研制的第一个火星探测器'萤火一号'，于2011年11月9日搭载俄罗斯'天顶号'运载火箭升空，由于'天顶号'运载火箭未按预定计划变轨，'萤火一号'连同俄罗斯'福布斯—土壤号'火星探测器一起未能进入火星轨道，'萤火一号'首秀不幸失败。由于'萤火一号'搭载在

'天顶号'运载火箭内部,所以这次失败记录只能记在俄罗斯名下。然而,这次失败并未动摇中国航天人探索火星的信心。中国航天人从中积累了大量的宝贵经验,并在汲取教训的基础上,开始下一次更有雄心壮志的创举。"

嘟嘟又问张博士:"如此说来,我国航天人已为下一步探索火星行动做好准备了?"

张博士回答说:"我国火箭专家龙乐豪院士曾对外披露,'萤火一号'火星探测器之所以失败,其主要原因并非探测器自身的问题,而是当时我国尚未拥有能发射到火星轨道的大推力运载火箭,不得不借助俄罗斯运载火箭来发射。如今,我国无论是运载火箭推力,还是测控技术水平,把火星探测器送到火星完全没有任何问题。事实胜于雄辩,实际上'嫦娥二号'飞船已经飞越了8300万千米的深空距离。我国著名航天科学家叶培建院士在接受新闻媒体记者采访时也指出,中国航天科研团队不仅早已为下一步火星探测做了充分的准备,而且在设计技术方案上将超越世界其他国家,中国航天人有信心实现后来居上的目标。"

嘟嘟充满期待地问:"那么,我国下一步的火星探索计划是什么呢?"

　　张博士一脸兴奋地告诉嘟嘟："在2016年初举行的全球和中国十大航天新闻发布会上，北京空间科技信息研究所所长原民辉透露，我国首次自行发射火星探测器的计划已经立项，预计2020年发射的火星探测器有望实现'绕、落、巡'三个阶段的探测任务。与其他国家不同的是，尽管同样是'绕、落、巡'三大任务，我国火星探测器将一气呵成，这是世界上任何一个国家都没有做过的尝试，这将使我国跻身于国际先进行列。

　　"为了实现航天界这个划时代的宏伟目标，中国航天人打造了高水平的火星探测器，它的个头要比印度的'曼加里安'号火星探测器大得多。正如你在展览会上看到的模型那样由两大部分组成，其呈圆锥状的上部是一个'着陆器'，而呈六面体的下部是一个'环绕器'，它们是围绕火星飞行、监测，登陆火星，巡走、取样的'明星'角色。除此之外，它还有一根夺人眼球的白色高科技天线，它好比是地球与火星之间的一座'桥梁'，以便科学家用它与距离地球4亿千米的探测器进行通信和遥控。随着一系列技术难关的攻克，中国航天人期待着造访火星那一天的到来。"

一箭多星发射技术

　　2015年9月20日，这注定是一个不平凡的日子，中国"长征六号"新型运载火箭在太原卫星发射中心点火发射，成功地将20颗微小卫星送入太空，一举打破了印度曾在2008年创造的"一箭十星"的亚洲纪录，这标志着我国多星发射技术跻身全球第三位。

　　易一第一时间从电视新闻报道中得知消息后，那股兴高采烈的劲儿就甭提了。在3天后的少科站活动日中，易一见到了张博士，乘机向他请教一箭多星发射技术究竟是怎么一回事。

　　张博士告诉易一："所谓一箭多星发射技术，顾名思义，就是用一枚运载火箭同时或先后将数颗卫星送到地球轨道上的一种卫星发射技术，它和以往传统的一枚运载火箭只能发送一颗卫星大不相同。从经济角度来看，其最突出、最诱人的优点是能够充分地利用火箭的运载能力，降低卫星发射的经济成本，这就像出租车拼车业务一样，从原本'一车拉一位乘客'变成'一车拉多位乘客'。而从技术角度来看，通常分为两种方法：一种方法是把几颗卫星一次性送到一个预定的相同或者几乎相同的地球轨道上，它就像天女散花一样把几颗卫星同时释放出去；另一种方法是把几颗卫星分次分批地释放出来，让每一颗卫星分别进入各自预定的地球轨道上。换句话说，就是当运载火箭到达某一个预定地球轨道时，先释放第一颗卫星，然后运载火箭继续飞行，当它到达另一个预定的地球轨道时，再释放第二颗卫星。依此类推，最终把所有卫星逐个送到各自预定的运行轨道上。"

易一接着问张博士："那么，实现一枚运载火箭发送多颗卫星上

天，有哪些技术难题呢？"

张博士回答说："要想实现'一箭多星'技术这个目标，当然需要解决许多技术难题。1960年，美国率先运用一箭多星发射技术，用一枚火箭成功地发射了两颗卫星，第二年又实现了'一箭三星'的发射目标。迄今为止，俄罗斯保持着一箭发射37颗卫星的世界纪录，美国以一箭发射29颗卫星位居世界第二。总结一箭多星发射技术的发展经验，专家们一致认为：要完成一箭多星发射，不仅技术十分复杂，而且难以掌控。"

张博士接着说："首先，要研制出运载能力更高更强的火箭，以便把质量更大、数量更多的卫星送到地球轨道上，这就要求运载火箭不仅要具有能承载巨大负荷的推力，而且还要达到能够进入不同地球轨道的速度。这是因为不同地球轨道与速度之间有一定的对应关系，如把卫星送入185千米高度的轨道所需要的速度为每秒7.8千米；送入1000千米高度的轨道则需要每秒8.3千米。其次，需要掌握稳定可靠的卫星与火箭的分离技术，也就是说，当每颗卫星按预先设定的次序从火箭卫星舱里分离出来时，非但不能相互碰撞，而且还要确定最佳的分离时刻，以及选择最佳的飞行路线，确保所有卫星在地球轨道上各就各位运行。再次，还要防止运载火箭装载卫星以及发射、飞行过程中可能发生的各种不良因素，例如运载火箭发生结构角度或重心分布的变化，导致运载火箭飞行不稳定；又如，运载火箭和卫星在高空飞行中，其各种电子设备遭受无线电或电磁暴干扰，会导致运载火箭和卫星运行失灵等等。"

易一好奇地问："既然如此，那么，为什么世界各国还要纷纷进行一箭多星发射技术的研究开发呢？"

张博士告诉易一："近年来，世界各国之间一箭多星发射技术的竞争十分激烈，这是因为如今全球卫星的研制正朝着小型化、模块化和集成化的方向发展，而一箭多星发射技术恰恰是用作发射微小卫星的最佳方式，它可以大大降低单颗微小卫星发射所需的费用。事实上，随着卫星对人们日常生活的用处越来越大，越来越多的公司、大

学等机构也纷纷研制各种单一用途的微小卫星。霎时间，微小卫星发射成了航天市场的一个'香饽饽'。正如一名航天领域专家所说，世界各国竞相研发一箭多星发射技术，其出发点并非完全为了炫耀一下火箭技术，更多的是为了争夺航天市场这块'大蛋糕'，因为它不但可以充分利用运载火箭的能力余量，让发射变得更经济、更便捷，而且还能为卫星发射提供更多的服务模式，扫清微小卫星高速发展的最后一道障碍。"

易一迫不及待地问："那么，我国一箭多星发射技术经历过怎样的发展道路呢？"

张博士回答说："我国一箭多星发射技术最早还要追溯到20世纪80年代。1981年9月20日，我国第一次实现了'一箭三星'的发射，成功地用一枚运载火箭同时把'实践2号''实践2号甲'和'实践2号乙'3颗卫星送到地球轨道上。从此以后，我国长征系列运载火箭开始了一系列'一箭多星'的发射任务。其中，颇有代表性的有：2012年4月和9月，先后完成了第12颗、第13颗、第14颗和第15颗国产北斗导航卫星的'一箭双星'发射，为加速北斗导航系统建设立下了汗马功劳；2013年，中国"长征二号丁"运载火箭成功将'高分一号'对地观测卫星和其他3颗卫星分别送入不同轨道，实现了'一箭四星'发射；2015年9月20日，"长征六号"火箭完成'一箭20星'发射，更是一次里程碑式的发射。"

易一又问张博士："'一箭20星'发射一定很难吧，我国科研人员是怎样做到的呢？"

张博士告诉易一："你说的不错，光是要在有限的火箭头部整流罩空间内安放20颗小卫星就相当不容易，更何况还要把这20颗小卫星像'天女散花'一样准确无误地释放出去，这就像一名幼儿园老师领着20个孩子，一个一个地送他们回家一样。为了做到这一点，科研人员将20颗卫星分成3层，像金字塔一般分别排列，在最底层安放5颗主卫星，其中2颗主卫星各自抱着2颗子卫星；中间一层安放4颗主卫星，其中1颗主卫星怀抱5颗子卫星，最上面一层安放1颗主卫星，并怀抱1颗子卫星。为了确保万无一失，科研人员在运载火箭上加装了支承舱和多星分配装置这两个神器，用来防止卫星释放时相互碰撞，并按层依次将20颗卫星安全脱离运载火箭，以不同速度、不同方向到达各自的地球轨道。更难能可贵的是，末级运载火箭还能够完成高精度的调姿和正推轨道控制。这种首次应用在运载火箭上的技术，给设计师们带来了极大的便利。换句话说，它能做到不让这20个'孩子'撒欢乱跑，乖乖地走进各自的'家门'。"

航空科技
谱新曲

2050年客机会是啥模样

　　有一天，安杰在互联网上浏览新闻时，无意中看到一则英国《每日邮报》刊发的航空新闻，披露了美国丹佛航空公司所建造的一款新式超音速客机，并欲将其推广为常规航班。这架被公司命名为"咆哮"的40座客机，准备投入常规航班正式运营，预计可搭载40名乘客，从伦敦飞往纽约预计只需3.5个小时，比传统直飞航班足足缩短了一半以上的时间。

　　安杰不由得想：这个新式超音速客机是如何做到的呢？带着这个疑问，安杰找到了表叔。

　　表叔告诉安杰："的确，美国丹佛航空公司自筹资金，打造了这款夺人眼球的超级客机。该公司负责人向新闻媒体披露，这架飞机的设计理念远远超越当今所有的客机，它不仅拥有超常强劲马力的发动机，而且用碳纤维复合材料来替代传统的铝合金，让它身轻如燕地在1.8万米的高空飞行。更令人惊喜的是，在整个飞行过程中，每位乘客都能欣赏到比传统客机高出2.6倍的窗外风景。换句话说，人们可以在飞机上看见地球表面的弧度，恰似一次奇妙的太空之旅。"

　　安杰迫不及待地问："那么，未来的民航客机都能飞得这样快吗？"

表叔回答说："研制超音速客机，始终是航空科学家孜孜不倦追求的一个目标。早在20世纪60年代，欧洲、苏联和美国的航空工业巨头就开始了研制超音速客机的角逐。英国和法国航空科学家在突破声障这个'拦路虎'之后，先后制造了20架命名为'协和式'的超音速客机，其中14架从1976年开始陆续投入商业运营，但由于音爆所引发的高分贝噪声，以及频频发生的爆胎事故，不得不在2003年10月黯然离场；苏联图波列夫设计局研制的14架'图144'超音速飞机，走过了一段从货运到短途客运的艰难坎坷的历程，终因接二连三发生的安全事故，在1978年后再也没有出航；而美国研制超音速客机可谓是命运多舛，无论是洛克希德·马丁公司研发的'L-2000'超音速客机，还是波音公司研发的'2707-300'超音速客机，不仅无视英、法和苏联超音速客机存在的诸多弊病，而且盲目选择'高大上'的方案，试图一举超越所有对手，结果被各种各样的技术问题弄得焦头烂额，最终尚未投产就偃旗息鼓了。"

安杰着急地问表叔："如此说来，超音速客机未来还能实现吗？"

表叔一脸乐观地告诉安杰："不用过于担心，如今的飞机制造技术早已今非昔比，在时隔50多年后的今天，美国宇航局已将研制超音速客机重新提上议事日程，并出资230万美元资助研制单位，希望重燃超音速飞机的梦想。据有关媒体报道，洛克希德·马丁公司正计划研制一款安静型的超音速客机，这种安静型超音速客机将采用混合三角翼方案，并以每小时3200千米的速度飞行，从伦敦飞往纽约仅需两个多小时，约可搭载270名乘客。为了吸取以往研发超音速客机的经验教训，飞机设计人员分

别开展了8个不同的研究项目，每个项目都是针对解决超音速飞机的巨大噪声等技术难题；与此同时，科研人员还动用了先进的风洞试验技术，收集测试数据，寻找减小音爆的各种方法，其中混合翼机体的设计方案备受瞩目，它不仅可以大幅降低音爆引发的噪声，而且还可以明显减少耗油量和废气排放。美国航空科学家充满信心地表示，在未来的一二十年中，有可能出现几种不同的安静型超音速客机，而且它们可能不再依赖污染环境的石化燃料，取而代之的是绿色清洁的新能源。"

安杰又问表叔："那么，除了超音速飞机之外，未来的客机还有什么新的变化呢？"

表叔回答说："毋庸置疑，未来的客机将会发生翻天覆地的变化，除了能让人们实现超高音速旅行的美好愿望之外，或许还有一次令人难忘的享受体验呢！据英国一家著名航空旅行公司透露，他们和帝国理工大学科研团队正在策划2050年飞机的构想。届时，一架巨大的流线型飞机将呈现在人们的眼前，这架结合了现代喷气机和下一代飞行器技术的先进飞机，从内到外都与现在的飞机大相径庭。座椅、地板和墙壁都用超轻金属'微晶格'材料制成，又宽又短的机身和没有尾翼的造型，像是一个超越时空的大玩具。尽管如此，客舱里的1000个座位却比现在的飞机要宽敞得多，还有供旅客小聚交流的酒吧；更令人惊喜的是，客舱两侧墙上让人不舒服的连排小舷窗不见了，替代它们的是透明的LCD屏幕，旅客通过它可以看到机外美丽的景色，或者播放飞机娱乐中心提供的电影、电视节目或航班飞行地图；现在飞机座椅靠背上的小屏幕，也将被'虚拟现实'的头盔取而代之，这种音视俱佳的环绕式头盔平时隐藏在座椅中，旅客戴上头盔后能像在家那样尽情地疯玩3D游戏……坐飞机不再是一种既无聊又疲乏的出行方式。"

安杰接着问表叔："科学家构想的未来客机固然十分诱人，那么，它们是不是比现在的飞机更加安全？"

表叔告诉安杰："飞机的设计制造向来是一个十分严密的科学工程，每款新型飞机的问世都要通过精细计算、技术评估、实验验证和试飞考核等一系列环节。随着航空技术、材料科学和智能控制的迅猛发展，将会为客机的安全性提供更加强有力的保障。与此同时，航空科学家正在不断创新飞机安全性的设计制造理念。令人眼前一亮的是，一位英国航空工程师提出了一个独辟蹊径的分离式客舱的安全方案，这种新思维设计可以在发生紧急情况时挽救飞机乘客的生命。也就是说，飞机在起飞、降落或飞行过程中，一旦出现诸如发动机故障、控制失灵或机体损坏等危急状况时，旅客乘坐的客舱可与飞机分离，并借助降落伞安全降落在地面或水面上，因坠机事故而丧生的悲剧从此不再上演。"

风洞——
新型飞机的"摇篮"

　　小小年纪的苏素，不但是一名品学兼优的好学生，而且对各式各样的交通工具特别感兴趣。平日里，他一有空就站在阳台看马路上过往的车辆，小区里叔叔阿姨的座驾也成了他的"猎物"，无论是奔驰、宝马、奥迪、凯迪拉克等名牌车，还是夏利、捷达、奥拓、高尔夫等普通车，只要一看到车标志就能报上名来。

　　从苏素第一次跟随爸爸妈妈乘飞机去旅游起，又开始迷上了能翱翔蓝天的飞机，各种型号波音、空客的模样像过复读机一般，会时不时浮现在他的脑海里，日积月累之后，在别人眼里除了体形大小之外别无两样的飞机，苏素总能找出外观上的一些细小差异。

　　有一天，苏素放学回到家，见到了在航空工业规划设计研究院工作的表叔，苏素趁妈妈到厨房准备晚餐的空隙，赶紧把装在心里的疑惑告诉了表叔："为什么不同公司不同型号的客机，它们的外表形状不完全一样呢？"

　　表叔乐呵呵地告诉苏素："客机设计制造是一项极其复杂的高端科学，它涉及空气动力学、材料力学、机械制造学、电子自动控制等诸多学科，任何一个部件、一处结构和一种外形都会涉及客机飞行的

安全及其效能，容不得一丝一毫的疏忽和差错。通常，无论是载人的客机，还是装物的货机，它们的外形及内部结构与其运载量、飞行速度和距离都密切相关。因此，尽管飞机的总体外形万变不离其宗，都拥有机头、机身和机翼的标准配置，但设计人员仍要依据上述不同的技术参数进行量身打造。随着计算机辅助设计技术、风洞试验装备的迅猛发展，一款新型飞机的设计制造不仅效率成倍地提高，而且其技术性能与飞机外形、结构和动力装置的匹配性也能做到严丝合缝，所以不同机型的飞机外形略有差异，也在情理之中了。"

苏素不解地问表叔："利用计算机设计飞机可以理解，那么，风洞究竟是什么东西啊？"

表叔回答说："所谓风洞，简单地说，是一种产生人造气流的管道，可以用来研究空气流经物体时产生的气动效应。换句话说，它通过人工产生和控制的气流，来模拟物体在空气中快速移动时其周围空气流动的状况，以便人们来衡量该气流对物体的作用，以及观察该物体因此而发生的各种物理现象，从而为设计获得第一手的资料数据。由此可见，风洞是一种进行空气动力试验最有效的工具，无论是新型飞机、神舟飞船，还是越野汽车、高速列车，在研制过程中都离不开风洞的'千锤百炼'。通常，风洞主要由洞体、

驱动系统和测量控制系统三大部分组成，洞体实际上就是一个用来放置测试物的实验段，驱动系统是用来提供各种模拟气流的装置，而测量控制系统则是能按设定程序进行测量的各种仪器仪表。如今，全世界不仅已拥有大大小小1000多座风洞，而且风洞的种类也是琳琅满目，有低速、高速、超高速以及激波、热冲等，可根据不同测试物加以选择。"

苏素接着问表叔："那么，目前世界上用来设计飞机的风洞具有哪些特色啊？"

表叔告诉苏素："世界上最早的风洞出现在100多年前的英国，美国莱特兄弟于1901年建造了风速为每秒12米的风洞，从而发明了世界上第一架飞机。如今，航空用风洞早已今非昔比，不仅风速和功率越来越高，最高可达9马赫（音速的倍数）以上，而且其规模越来越大，可测量的功能也越来越多，甚至可以放进整架飞机进行试验。难怪航空航天专家这样高度评价风洞：一个国家能不能设计制造出超级

先进的飞行器，首先要看它有没有超级先进的一流风洞。这是因为风洞是所有一流飞行器诞生不可或缺的'摇篮'，离开它必定是一个落伍的或不成功的飞行器。"

苏素迫不及待地问："风洞对飞机设计制造如此重要，那么，我国拥有什么样的风洞啊？"

表叔回答说："我国在20世纪60年代开始建造风洞，当时一无技术图纸，二无专业人才，比先进国家整整落后了半个世纪。经过一代'气动人'长期刻苦奋斗，我国风洞的装备、技术和人才均已跨入国际先进行列。迄今为止，我国已建成配套齐全、功能完备的各种风洞140多座，并在风洞试验、数值计算、模拟飞行试验等领域取得了丰硕成果。更值得骄傲的是，一个名列世界第三、亚洲第一的风洞群，涵盖了从低速到24倍超高音速的试验范围，可以进行从水下到地面一直到94千米高空范围的气动试验，其中8座风洞已达到世界领先水平。"

苏素兴奋地问表叔："如此说来，我国风洞试验工作是不是已有许多傲人的成果？"

表叔对苏素说："你说得没错，仅在'十二五'期间，我国已进行了47万多次各式各样的风洞试验，成功地解决了许多国家重点科研项目的气动技术难点。这其中包括名扬天下的神舟载人飞船返回舱、逃逸飞行器，破茧而出的AJR21国产民用支线飞机，C919国产民用大飞机，扬我国威的歼-10、运-20等军用飞机，以及各种导弹和运载火箭……正如一名空气动力学家所说：'一个国家的空气动力技术水平直接决定了这个国家的航空航天实力，影响着国民经济建设水平。'先进的超级风洞试验装备、技术和人才，把中国的航空航天飞行器、火箭导弹以及高超音速军事武器，以不可思议的速度推向世界顶尖舞台，令人刮目相看。"

　　"举个例子来说吧，发动机是所有飞行器的'心脏'，它的动力输出会影响到飞行器的气动特性，而风洞试验是验证和优化飞行器气动外形和发动机设计的最佳途径。因此，对于国产大型涡扇发动机而言，毫无疑问必须要进行正反推力的风洞试验。于是，研制具备大型涡扇发动机试验能力的风洞装备成为一个关键。我国'气动人'从20世纪末开始，十年磨一剑，于2007年成功地完成了首次正推力风洞试验，然后马不停蹄地向难度倍增的反推力风洞试验发起冲击，攻克了气温影响修正、流量精细控制、反推测量程序及方法等十多项技术难关。2015年2月，在一个尺寸为8米×6米的反推力风洞中，完成了国产大型涡扇发动机的反推力风洞试验。试验结果表明，这座8米×6米的反推力风洞能较好地模拟发动机的各种动力输出状态，并能精准地反映对飞行器气动特性的影响，从而达到飞行器外形与发动机的一体化设计。"表叔解释说。

到底可以飞多快

速度对人类意味着什么？运动员们不断地打破田径场上的世界纪录，飞行员们不断地尝试数倍于音速的极限飞行，而宇航员们不断地冲击难以置信的极速飞往太空……人类如此痴迷于追求更高的速度。昱昱不由得联想，人类到底可以飞多快？人类能够承受的运动速度有没有一个极限？

昱昱忍不住把这个疑问告诉了表叔。

表叔听罢，耐心地告诉昱昱："迄今为止，人类最高运动速度纪录是由3名美国宇航员创造的，他们就是1969年'阿波罗10号'宇宙飞船上的3名宇航员。当宇宙飞船绕过月球返回地球时，他们相对于地球的运动速度竟然接近每小时4万千米，这是以往人们想都不敢想的速度。如今，这个神奇的速度或许在不久之后将再次被刷新，这是因为美国国家航空航天局最近宣布，目前正在研制的下一代载人飞船'猎户座'将于2021年首飞，飞船设计师预计，它有望一举突破此前已保持46年之久的人类飞行速度纪录。'猎户座'飞船科研人员满怀信心地对外宣称，并没有什么具体的障碍阻止人类飞得更快，如果科研任务需要的话，'猎户座'飞船的飞行速度还可以大大提高，甚至能够挑战每小时10亿千米的光速。"

昱昱不解地问表叔："人们在游乐园玩过山车时，有时会感到十分难受，那么，宇航员为什么能承受如此高速的运动呢？"

表叔笑着回答："要说清楚这个问题，还得从一个物理现象说起，那就是加速度。所谓加速度，简单地说，就是表示物体速度改变快慢的一个物理量。而对人体来说也是相同的，人们在运动中无论是加速还是减速都会产生加速度。科学研究发现一个有趣的现象：人们在做匀速且沿着一定方向运动时，速度快慢对人体不会产生什么影响，换句话说，在没有加速度的情况下，人体并不存在速度极限的问题。由此科学家得出结论，对于人体而言，匀速才是好事，应当担心的不是速度，而是加速度。实际上，事实已经证明了这一观点，大约100多年前，飞行员在高速中进行机动飞行时，每当速度和方向发生改变，就会产生一些奇怪的现象，不是短暂视力丧失，就是身体变得沉重或失重，事后证实这就是加速度的影响。科学家指出，诸如此类加速度对人体影响的现象，在人们日常生活中比比皆是。例如，两辆高速行驶的汽车迎面相撞时，人体在陡然减速的冲击下会受到致命的伤害；又如，乘坐飞机起飞和降落时速度和方向的突变，瞬时会让人感到头晕或心悸；再如，出海航行遇到大风大浪船舶颠簸时，人体也会跟随速度和方向的颠簸，引发各种不舒适的反应。由此就不难理解玩过山车为什么会难受，而宇航员在高速匀速飞行中却能安然

无恙。"

昱昱接着问表叔："既然如此，那么，人类究竟能够承受多大的加速度？"

表叔告诉昱昱："就拿重力加速度来说吧，大家都知道，地球引力对处于海平面高度上物体产生的重力加速度约为$9.8\mathrm{m/s}^2$，通常人们将它用作衡量加速度大小的基准，并以符号'g'来表示，且重力加速度g的方向是垂直的。也就是说，通常每一个人的人体都会受到地球引力的作用，它施加在人体上的重力加速度就是一个g，此时人体不会产生任何不良反应。然而，一旦人体受到的加速度超过一个g时，人体就会产生不良反应，科学家把这种现象称为'过载'。此时，这种从头向脚垂直方向的加速度，使血液从全身向人的头部集中，导致头部出现严重胀痛感，就像人们用双手倒立那种感觉；而另一种从脚向头垂直方向的加速度，让血液从头部涌向脚部，导致头部出现严重缺血、缺氧症状；无论发生哪一种过载情况，持续的严重过载就会危及人们的生命，这对飞行员或宇航员而言，绝对是一个坏消息。根据科学测试证实，对于普通人群而言，一般可以承受从头向脚垂直方向大约5个g的持续过载，超出这一限度就会陷入昏迷；而对于受过专业训练且穿着专业防护服的飞行员而言，一般可以承受从头向脚垂直方向大约9个g的持续过载，仍能意识清楚地操控飞机。"

昱昱好奇地问："如此说来，对于飞向太空的宇航员来说，他们在飞行时又是如何避免这种持续严重过载的呢？"

表叔回答说："美国航空航天医学协会执行主管杰夫·斯文特克博士告诉人们，实际上，如果这种严重过载的持续时间很短，人们的身体是可以承受远远超9个g的过载压力，而不会造成致命的伤害。举个例子来说，在1958年美国的一次火箭发动机滑轨实验中，一名空军上尉艾利·贝丁在乘坐安装了火箭发动机的滑轨器时，滑轨器在10秒内加速到了每小时55千米，让艾利·贝丁瞬间经受了高达82.6个g的惊人过载压力，这名年轻的空军上尉当场昏迷了过去。然而，当他醒过来之后，人们惊讶地发现，他只是背部有些许擦伤而已。50多年过去了，这件事至今仍为航空界所津津乐道。"

"对于宇航员来说，他们当然要比普通人经历更多、更高的过载环境。航天科学家指出，依据当今宇宙探测工程的设计技术和设备参数，在火箭发射时刻和宇宙飞船返回地面时，宇航员通常会受到3~8个g的过载压力，这个数量级的加速度对于训练有素的宇航员来说，还是在可以承受的范围之内。与此同时，科学家还发现，如果加速度的作用方向是前胸向后背或者后背向前胸的，此时即使发生较高的过载，对人体的影响也要小得多。难怪乎，细心的人们会发现在绝大多数飞船设计中，都会将宇航员束缚在座椅上，让他们的脸朝着飞行加速方向，就是依据这个科学道理。宇宙飞船一旦进入轨道开始匀速巡航飞行，尽管宇宙飞船的飞行速度高达每小时2.6万千米，但宇航员将不再受到加速度的影响，就像人们在高空乘坐民航客机飞行一样。由此不难看出，只要克服加速度对人体产生的过载这个难题，在理论上，让人们飞得像光速那样快，也不是一件不可能的事。"表叔解释说。

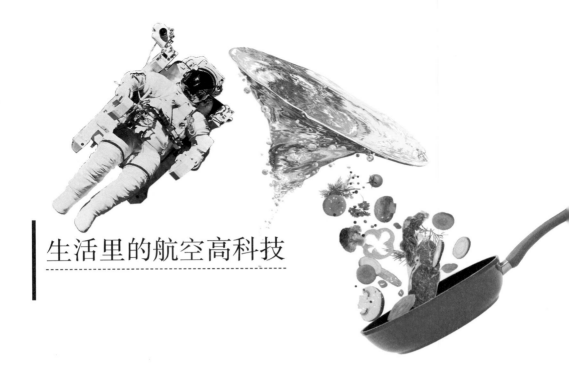

生活里的航空高科技

　　平时，关关十分喜欢吃方便面，尤其对蔬菜包、调料包情有独钟，却从来也没有想过方便面是从什么时候开始出现的。有一天，关关无意中看到了一篇关于方便面的文章，才知晓原来早在1958年，日本日清食品集团就制作了世界上第一包"方便面"。而更让关关大吃一惊的是，从1972年开始盛行的方便面里并没有蔬菜包，以后才有的蔬菜包竟然还与航天科技扯上了关系。

　　一天，关关好奇地带着这个问题，向爸爸求证。

　　爸爸乐呵呵地告诉关关："你看到的资讯一点儿也没错，方便面里的蔬菜包的确与航天科技有关。这个还要追溯到阿波罗航天计划，当时，美国国家航空航天局为了让宇航员在太空里能吃到含有蔬菜的太空食品，补充人体必需的维生素，就研发了一种冷冻脱水蔬菜的技术。这种技术几乎能除去新鲜蔬菜中的全部水分，并将其重量降低20%，但仍可以保留98%的营养成分，最终制成体积小、重量轻、入水便会复原、运输食用方便的脱水蔬菜。实际上，除了蔬菜包之外，就连如今市场上出售的各种各样的瓶装水，最初也是利用航天科技生产出来的。这是由于宇航员进入太空时，必须携带纯净的饮用水，因为一旦饮用水中含有细菌，宇航员就很有可能生病，这将会给宇航员带来极大的困扰。在这种情况下，科学家利用20世纪50年代初已有的过滤技术，又对其做了进一步的改善，它的核心技术装置就是人们通常所说的装有诸如活性炭等材料的滤芯，它能去除水中的病原体并杀死细菌，可以让干净的水在更极端的情况下，也能保持较长的清洁时间。之后，这种航天高科技被生产厂家用来制造可饮用的瓶装纯净水。"

关关一听，便迫不及待地问爸爸："如此说来，普通人也可以分享航空航天高科技带来的便利，那么在日常生活中还有哪些例子呢？"

爸爸毫不犹豫地回答说："当今，航空航天高科技可以说已与普通人的工作生活息息相关，只是人们平时没有特别关注它们而已。就拿你现在佩戴的用塑料镜片做的眼镜来说吧，因为它既轻便，又不容易破碎，再加上它比玻璃镜片更易吸收紫外线辐射和光线等优点，已成为眼镜的主流产品。但是，塑料镜片的眼镜也有一个很大的致命弱点，就是使用时间一长，镜片会产生一丝丝划痕，这些划痕很容易伤害到佩戴眼镜者的视力。于是乎，眼镜制造商想到了航天科技常用的一种特殊的涂料，这种特殊涂料原本是美国宇航局为了保护其空间设备外表免受空中飘浮灰尘和小颗粒等物质的侵害而研制的，眼镜制造商在获得美国宇航局专利技术授权后，将这种特殊涂料涂在了塑料镜片上，使得它的耐划痕能力比普通塑料镜片高出10倍以上。

"再拿如今流行的给婴儿或病人使用的'尿不湿'来说吧，恐怕绝大多数的人都不会想到，它的发明竟然是源于为了解决宇航员太空如厕难的尴尬'囧事'！早在1961年，苏联宇航员加加林就是扮演这个尴尬'囧事'的主角。当他刚刚钻进发射舱，突

然感到一阵尿急，情急之中他不得不爬出发射舱，借助太空服里的一根管子解决了这个'囧事'。无独有偶，同年，坐在飞船里遭遇发射'晚点'的美国宇航员谢伯德，也遇到了相同的困扰。他在指挥官的命令下，不得不将这份'压力'就地'卸'在了太空服里。被人们称为'太空服之父'的华人科学家唐鑫源面对这种频发的'不幸'，暗下决心要解决这档尴尬事。经过十多年的不断试验和改进，他终于发明了一种利用高分子材料吸水1400毫升的纸尿片，为航天员解决了'囧事'。不久，这项技术随着成本大幅度地降低，走进了千家万户，变成了人们所熟悉的'尿不湿'。"

此时，关关不由得哈哈大笑起来。

爸爸继续告诉关关："航空航天科技的迅速发展，也给工农业生产、环境保护等领域带来了新的希望。例如，目前工程技术人员利用一项原本用于航天发动机的高科技燃烧技术，已成功研制出一系列适用于化工、发电等企业专用的燃烧炉装备。企业安装了这种采用航天科技制造的成套装备后，在整个生产过程中可以自动回收硫、硝、煤灰等有害物质，不仅再也不会向大气排放各种污染颗粒物，而且还可将回收的有害物质加工成重要的工业原材料，真可谓一举两得。又如，科学家们长期以来始终为农作物的增产而绞尽脑汁，努力寻找一种让农作物长得更好的'灵丹妙药'。果不其然，科学家的这个梦想当今已如愿以偿，居然为貌似风马牛不相及的农作物带来了福音。科学家们在航天科技研究过程中积累了大量的特种化工技术，其中一项化工技术是在发动机燃料中提取出来的一种被称为'比久'（B9）的化学原料。试验研究表明，这种'比久'化学原料是一种植物生长调节剂，它可以使植物的株秆变得更矮，可以抑制无用的枝叶疯长，让农作物吸收的营养更多地进入果实或花朵中，让它们长得更大、更好、更漂亮。"

正当关关听得一愣一愣的时候，爸爸对关关说，再举几个航空航天科技开创人类智慧生活的例子吧。

"当今市场中出现了一种号称具有'记忆'功能的海绵枕头和床垫，它们能够根据每个人头部和躯体的曲线以及温度自动地调整形状，以化解身体各个接触点的压力，而不会因睡姿的变化产生不舒适感。殊不知，这种具有'记忆'功能的海绵最早是由美国太空总署为宇航员开发的，用作宇航员进行太空旅行时的支撑和保护垫。因此，它也被称为'太空海绵'，这种革命性材料具有吸震、减压、低回弹等特点，如今除了作为病人的专用医疗床垫之外，也早已进入了普通百姓家庭。

"当你看到像一只大圆盘的扫地机器人在家里轻松地吸取尘土和面包屑时，你是否想过：这种吸尘器与航天科技之间有什么联系？实际上，这种扫地机器人所采用的技术与宇航员在月球上所使用的是同一种技术。在阿波罗月球探索任务中，宇航员需要一种能够采集月球岩石和土壤样本的工具，这种工具不仅要轻巧、精细和灵活，而且动力要强大，以便能穿透月球表面。于是，美国国家航空航天局研发了一种用电池驱动的磁式自动钻，而且还配备一种计算机程序，用来优化使用过程中的电量消耗，最大限度地延长电池寿命。后来，这种技术被应用到各式各样的无线工具上，扫地机器人就是其中的一个，它为许多家庭解除了清洁地面的烦恼。"

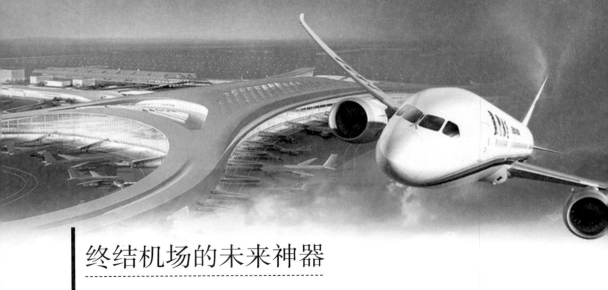

终结机场的未来神器

数学100分、语文97分、英语98分……这次期末考试成绩又上了一个台阶，周周心里美滋滋的，甭提多高兴了，爸爸妈妈也为他鼓劲，答应暑假里带周周去欧洲旅游。

周周左思右盼，终于等到了出发的一天。吃完早餐后，周周一边帮着妈妈收拾行装，一边催促爸爸早点出发……周周一脸兴奋地坐在爸爸的车里。可高兴劲儿还没过，离家不久，汽车就被堵在了主干道上，一路开开停停，好不容易上了高架快速路，原以为就能一路畅通直达机场，谁知"天有不测风云"，碰巧在通往机场方向的道路上发生了一起交通事故，于是汽车又进入了"蜗牛式"的爬行，好不容易赶到机场，一路狂奔，换登机牌、安检、登机，疲惫不堪。

旅游回来后，一场难以忘怀的出门经历，让周周突发奇想：机场离市区那么远，将来会不会有不需要机场跑道就能起飞的客机，让人们不再为奔赴机场费时耗力，更不用担心赶不上航班而误机，而能在自己家门口随时随地登机出行呢？

有一天，周周把自己的这个想法告诉了表叔，期待表叔给予指点。

表叔听罢，欣喜地告诉周周："你这个想法很有创意，可以说，与一些航空科学家的构想不谋而合啊！据国外媒体报道，一家位于美国科罗拉多州丹佛市飞机制造公司的工程师们，正在设计一种能搭乘6名旅客的垂直起降民航客机。这项科学研发行动的最终目标，就是为了让这种新型民航客机成为机场的终结者，为民航乘客的出行提供前所未有的便利。"

周周迫不及待地问表叔："那么，这种6座的垂直起降民航客机长啥模样啊？"

表叔回答说："这种6座垂直起降民航客机被专家命名为'TriFan600'飞机，飞机制造公司预计筹集5000万美元用于该款新型飞机的设计和研发。科研人员的设计思路是，利用3个涵道式螺旋桨作为飞机垂直起降和高速飞行的动力，它的特点是螺旋桨并不暴露在外面而是隐藏在涵道里，就像家里抽油烟机内的螺旋桨的风扇一样隐藏在机内。也就是说，这种新型飞机在外观上看不到像直升机那样大大的螺旋桨，但却能实现与直升机相同的起降飞行功能。正因为这种垂直起降飞机螺旋桨的叶尖受到涵道的限制，所以高速旋转螺旋桨不仅使飞机获得比开放式螺旋桨直升机更大的动力，而且它的冲击噪声、诱导阻力也比普通直升机更小。换句话说，在同样功率发动机和相同直径螺旋桨的条件下，这种涵道式螺旋桨飞机的飞行效率更高，而且还可以避免发生像开放式螺旋桨一不小心被树枝或电线缠绕的危险，对螺旋桨起到保护作用。"

周周接着问表叔："如此说来，那么这种新

型飞机能不能替代现有的民航客机呢？"

表叔告诉周周："根据工程师们设计的技术方案，这种'TriFan600'垂直起降客机完全可以达到现代商业飞机的飞行高度和飞行速度，飞机上3个涵道式螺旋桨各有分工，设置在前面的一个涵道式螺旋桨主要负责客机的起飞和降陆，而设置在后面的两个涵道式螺旋桨可以通过旋转来改变方向，主要为客机提供前进的助推力，使客机高速飞行。据这家飞机制造公司首席设计师迪尼斯·奥柯特介绍：'TriFan600'垂直起降客机是世界上第一架可以高速、长距离垂直起降的商业飞机，它可以在起飞后90秒内达到每小时640千米的飞行速度，它的飞行距离在1300千米以上，最远可达到1900千米，足以从一个城市飞达另一个城市。更重要的一点在于，它可以在任何能够起降直升机的地点完成起飞和着陆，这样就不再需要像现今客机那样的配套机场，人们便可以实现从家门口到目的地旅行的美好愿望，而不是从机场到机场，从而节约大把时间，帮助人们去更多的地方。"

周周好奇地问表叔："那么，除了这种能垂直起降的涵道式螺旋桨客机之外，还有没有适合短途旅行且不需要机场的航空器呢？"

表叔回答说："如今，一种被航空专家们称为浮空器的航空器发展十分神速，这种自身轻于空气的航空器非常适合人们在城市周边的短途旅行。通常，浮空器分为气球和飞艇两大类，它们升空起飞的原理主要是依靠空气浮力所产生的静升力来克服自身的重量。先来说说气球吧，目前适合于旅行的主要有技术比较成熟的自由气球，这种气球通常是利用氢气、热空气等手段来实现升空起飞的，因为它们的飞行动力往往是依靠风力，所以被称为自由气球，人们在旅游景点乘坐的热气球就是其中的一种。如今我国能造出体积为60万立方米的气球，可载重1.5吨，位居世界第三位。另一类是飞艇，它也是利用轻于空气的气体来提供升力的，与气球不同的是，它自身带有可以提供动力的发动机，以便像其他航空器一样飞向目的地。通常，飞艇可以分为硬式飞艇、半硬式飞艇和软式飞艇3种不同的结构，以满足旅游、运输、航拍、监视、电视转播和空中巡逻等不同用途的需要。当今现代化的先进飞艇，无论是飞行高度、速度，还是载重和功能，都远远超过它们的前辈。正如我国正在研发的能在平流层上飞行的'天舟'三号飞艇，其升空高度可达1.8万～2万米，飞行时间可达15～20天，堪称世界一流。"

"除此之外，还有一种令人目瞪口呆的被称为'太空电梯'的航空方案，这个由加拿大透特科技公司构想的方案已经成功地申请了发明专利。根据该设计方案，人们将在地面建造一座高度约为20千米的'太空电梯'，它将比现在世界最高的迪拜塔还要高。这座被设计者命名为'透特X塔'的'太空电梯'是用一种特殊的超强材料制成的，然后在'透特X塔'的塔顶上设置跑道，供飞行器起飞。为了确保'透特X塔'始终与地面保持垂直，工作人员把它设计成可充气的太空塔。它的内部装有一套极端复杂的调速轮，用来补偿和调整'透特X塔'的弯曲度。一旦这种史无前例的'太空电梯'建成，旅游者或宇航员将可搭乘'太空电梯'直达位于顶端的飞行平台，航空器点火起飞后，人们便可进入太空飞行。专家指出，这种把地面机场搬到高空的'太空电梯'，不仅可以大幅降低太空飞行的费用，而且让人们的太空旅行变得更方便，将开启太空旅行的新纪元。"表叔如是说。

航天的
趣闻轶事

航天员在空间站如何生活

刚刚读小学五年级的贝贝在父母眼里，就是一个天生爱冒险的小孩，无论什么新鲜事都想去尝试一下。神秘的太空探测更是贝贝的最爱。

有一天，贝贝在青少年活动中心举办的一场科普报告会上，聆听了一个生动有趣的科学事例：在美国有一对名叫史考特·凯利和麦克·凯利的双胞胎兄弟，美国国家航空航天局为了研究太空失重环境对人体的影响，把史考特·凯利送上了国际空间站，让他在空间站居住生活一年后再返回地球，和仍生活在地球上的麦克·凯利相比较，看一看他会出现哪些新的变化。

在史考特·凯利返回地球后，美国国家航空航天局通过"推特"（Twitter）举办了一场别开生面的实时问答活动。除了新闻界一群记者参与之外，活动还吸引了全球无数"航天迷"的眼球。就连美国时任总统奥巴马也参与其中，在整个互动对话中亮点颇多。

奥巴马和史考特打招呼："嘿，我非常喜欢你在空间站上拍的照片。不过，你有没有曾经看着窗外深不可测的宇宙，然后突然就吓尿了？"

史考特不失幽默地回敬说："总统先生，除了此时此刻在'推特'上被您问了这样一个问题之外，我是不会被任何事吓尿的。"

一位名叫约翰·卡特的网民发问："嘿，史考特你真棒，能不能在众多有趣的太空实验中挑一个，对你影响最大的？"

史考特告诉约翰·卡特："在这次太空研究实验中，太空环境对我自己的生理和心理影响最大。"

一名叫麦克斯韦的新闻记者好奇地问："那么，在遥远的太空里，你学到的最重要的事情是什么？"

史考特冷静地回答说："难以置信的太空经历，让我明白了一点，人类的潜能是无穷的。"

另一位新闻界同行艾伦·史密斯迫不及待地插话："在国际空间站里，你接到的最难的任务是什么？"

史考特以他特有的冷幽默回答说："你是不知道，最难的任务当然是在舱外进行修理工作，那可需要穿'高大上'的太空服哦！这才是一个不小的真正挑战呢。"

昵称"USA2020"的网民问道："史考特，你在太空中最奇怪的感觉是什么？"

史考特立马回答说："嘿，'USA2000'你好！我最奇怪的感觉是，午夜醒来分不清方位，不知道哪一边是上面，哪一边是下面。"

"USA2020"又问道："在空间站里，你有智能手机吗？用不用视频通话软件？"

史考特回答说："我们没有智能手机，不过我们有iPad；我们不用视频通话软件，不过我们有视频会议。"

另一位名叫格雷特的网友一口气提了好几个问题："嘿，史考特，那么你通常晚上睡多长时间？你的睡眠时间有没有一个固定的计划表？除了睡觉之外的闲暇时间里，你都干些什么呢？"

史考特乐呵呵地告诉格雷特："在空间站里，我们是按照格林尼治时间来作息的，通常我的睡眠时间有6至7小时。在其余时间里，我会打电话、发邮件、看电影和阅读，偶尔也会拍照，甚至在飞过家乡

的时候尝试拍摄一下自己居住的房子。每天还要安排两个小时的锻炼活动，主要是进行有氧运动和力量训练。"

接着，一位已有3个孩子的中年父亲麦斯脱·戴维不解地问："史考特，我有一个疑惑，在缺水的空间站里，你是怎么洗澡的啊？"

史考特淡定地回答说："我们只用湿毛巾擦身啊，当然，连我自己都感到十分震惊能够习惯这样的洗澡方式。"

在科普报告会上，主持人还讲述了几个饶有趣味的航天生活小知识。

你知道航天员在空间站里是怎样做饭的吗？39岁的意大利女宇航员萨曼莎·克里斯托弗雷蒂通过网络视频为大众做了示范：在视频中，萨曼莎麻利地剪开装有煎饼的真空包装袋，拿出一个煎饼，当她双手忙着固定包装袋时，煎饼早已在空中飘来飘去了。接着，她依次打开食材包装袋取出馅料，将一个个煎饼"捉"回来，均匀地抹上韭菜奶油、番茄沙拉和鲭鱼酱。与此同时，她还要时刻关心煎饼飘到哪里去了，最后再把它们一个一个地加热……一派"饼在飞、人在追"的热闹场面，真是一心多用、手忙脚乱，不过，做好的煎饼还是美味

十足的。

　　此外，萨曼莎还在空间站里表演了用咖啡机冲泡咖啡的绝技，由此荣获了世界上第一位"太空咖啡师"的称号。在视频中，萨曼莎穿着特殊的上衣，打开太空中第一台意式浓缩咖啡机，将香气四溢的意大利咖啡加热冲泡，盛在一个特制的杯子里。之后，她对着镜头一边满脸笑容地享用着咖啡，一边借用电影里的台词说"咖啡是有史以来最棒的有机悬浮液……"，并把这一美妙瞬间从太空传到网络上。

　　你知道吗？空间站里的水资源格外珍贵，从地球运送其成本又高得离谱。最近，科学家成功研发一种被称为"水膜"的仿生态净水系统，这种神奇的"水膜"利用了纳米技术以及可调节生物水分的蛋白质等。也就是说，诸如汗液、尿液和洗澡水等废水通过这种"水膜"过滤后，便会变成可饮用的水。其整个过滤过程都是在分子层面上进行的，既无须借助外界的压力，又不会像家用净水器那样产生堵塞的情况。

　　难怪美国国家航空航天局马歇尔太空飞行中心的一名水质科研人员告诉记者："这种过滤后回收的水，喝起来就像瓶装水，只要你克服喝这样的水就是在喝尿和洗澡水这种心理障碍，把它直接当作冷凝水就好。你要知道，通过这种'水膜'处理得到的水比你平时喝的水都要干净。"

太空里生病怎么办

今年11岁的丹妮丝·费因斯出生在美国加利福尼亚州奥克兰市，她的爸爸兰努夫·费因斯是一位极地探险家，她从小就爱听爸爸讲的各种各样惊心动魄的冒险故事。

有一天，爸爸从北极探险回来告诉了丹妮丝一件可怕的事。他的一位同伴罗杰在格陵兰岛探险途中被严重冻伤了。原来，在格陵兰岛，零下50摄氏度的气温就像家常便饭一样。在那深广无边的白色寒冷世界里，降雪无法融化。正当探险队向腹地挺进寻找北极最罕见的生物时，不幸的事情发生了，同伴戴维发现罗杰迈不开腿了，伸手去摸罗杰的脉搏，一点儿感觉都没有，他的腿已经被冻僵了……在远离大陆又无医院的困难环境下，为了尽可能保全罗杰的双腿，同伴不得不用极其简单的医疗器械，对罗杰的腿部做了一次惨不忍睹的手术。

丹妮丝忍不住问爸爸："极地探险是如此危险，那么，在遥远的空间站里工作的宇航员一旦生病，又该怎么办呢？"

爸爸告诉丹妮丝："在极地探险旅途中，人们会遭受极地冰天雪地和超高海拔等恶劣环境的考验，身陷饥饿、疾病和冻伤也常有发生。数个世纪以来，极地探险家只能依仗自身临时处理伤口和疾病的应急能力，来度过一次又一次的危机，有的探险家甚至为此失去双腿。对于太空探险而言，在国际空间站中，医疗设施也非常简陋，那里没有人们想象中高端的手术台、治疗仪或检查设备，医疗设施仅相当于一个公共游泳池的配备水平。打开医护人员的急救箱，你会发现非常简单，一个除颤器、一个小型呼吸机和一些急救药物，并非像科幻电影《星际迷航》中麦考伊医生的发明物那样神奇。医护人员用这些简陋的医疗物品，只能暂时稳定病情。"

丹妮丝着急地问爸爸："如此说来，那么，万一宇航员得了重病该怎么办啊？"

爸爸回答说："目前，国际空间站位于距地球不到400千米的太空，一旦宇航员得了重病，人们可以在第一时间将重病或受伤的宇航员送入'联盟'号宇宙飞船，尽可能快地返回地球航天中心。在一般情况下，'联盟'号宇宙飞船能够在数小时内到达地球，并将重病或受伤的宇航员送到救护中心进行医治。不过，如果人类在月球、火星或者更远的太空范围里进行探索活动的话，返回地球的时间至少在5天以上，这样，重病或受重伤的宇航员将会面临生命危险。"

丹妮丝接着问爸爸："那么，宇航员在太空环境中生病的可能性大不大啊？"

爸爸告诉丹妮丝："所幸的是，生活在空间站里的宇航员，通常他们所碰到的医学麻烦都是一些非性命攸关的疾病。唯独一次的例外是，一名意大利宇航员卢卡·帕米塔诺在出舱行走时，发生了水渗入头盔的意外事故，卢卡·帕米塔诺差一点因此而溺亡。但是，这并不是说宇航员在空间站里不会生病，由于太空环境的特殊性，宇航员常常会遭遇一些非常规的医学困境和长期失重环境的挑战。例如，宇航员受太空特有环境的影响，其肌肉和骨骼的损耗会加速，背痛、视觉神经和眼睛虹膜变化都是常见病。又如，宇航员的免疫系统和流体调节也会发生变化，失眠症也会伴随着宇航员，这一系列的身体变化都会给宇航员带来医学问题。"

丹妮丝迫不及待地问爸爸："现在科技如此发达，今后人们能不能达到科幻电影里的医疗水平呢？"

爸爸回答说："你说得不错，如今科学家们正在探索太空急救医疗技术。在一次召开的国际世界极端医学会议上，太空急救医疗成为其中一个主要的议题。一位发言人指出，随着科技的不断发展，近几年来，太空急救医疗技术的研究也取得了一定的进展。早在1991年，就有科学家计划为空间站配备设施完好的医务室，外科医生也曾经尝试在模拟零重力宇宙飞行环境中对兔子实施手术。然而，手术的结果并不理想，这是因为在手术过程中会有液体污染。也就是说，如果某一条静脉在手术时出血，表面张力会使血液黏附在刀口的组织表面上。更危险的是，如果一不小心割伤某一条动脉，血液就会从动脉中喷涌而出，飞到空中挡住手术医师的视线。经过一段时间的探索研究，科学家发明了一种新的手术设施，当医师在飞船或空间站上进行手术时，使用一个填有液体的小型圆盖装置，并把病人进行手术的部位盖住，外科医生则可以穿过圆盖来操作仪器、手术刀和内窥镜等手术器械，这个圆盖装置不但可以防止血液四处喷溅，而且还可以保持

刀口干净不受细菌污染。"

爸爸兴致勃勃地说："随着载人登陆月球和火星太空工程计划的推进，科学家的目标是在太空建立以遥控机器人医师治病为核心的太空医务室。这是因为还有许多太空医疗难题有待于进一步解决，手术麻醉镇痛就是其中的一个问题。科学家告诉人们，在狭小的空间环境中，使用吸入式麻醉是一件困难的事情，目前的污染物清理系统也无法解决这个问题，因此人们必须摸索别的方法，而遥控机器人是一个不错的主意。假如地球上的外科医生能够远距离操控太空中的自主式手术机器人，那一切会变得很完美。

"不过，科学家目前制定的第一步目标是，在飞船或空间站上配备一名接受过最低限度培训的医疗人员，并为他提供一些详细的手术机器人操作指南，通过反复观看手术案例视频以及进行外科手术练习，让这名受训人员能够熟练地操控机器人手术设备，最终完成手术治疗工作。"

丹妮丝追问说："那么，未来的遥控机器人医师什么时候才能飞向太空呢？"

爸爸乐呵呵地告诉丹妮丝："随着人们太空探索的脚步走得越来越远，遥控机器人医师的需求也会越来越迫切。如今，科学家正在全力以赴地突破地球与遥远太空间实时通信时延等技术障碍，解决机组成员、飞船和空间站容积以及遥控技术尚存的不足问题。可以相信，用不了多久，太空医务室必定会出现在太空。"

太空也要清扫垃圾吗

在实验小学上五年级的妮妮是一个细心又爱思考的小姑娘，她十分向往长大后能像妈妈一样成为一名空姐，而在航天控制工程研究所工作的爸爸更是她心目中崇拜的偶像。

周日，妮妮在自家阳台上看见马路上扫街垃圾车来回穿梭，在人流、车流中忙个不停；小区里装载分类垃圾的清洁工人也正在忙着作业，把一个个垃圾箱内的垃圾倒入垃圾车内……她突发奇想：在浩如烟海的宇宙中有没有垃圾呢？

妮妮一溜烟跑到书房找爸爸发问，爸爸听后，放下手中的工作，告诉妮妮："自1957年人类发射第一颗人造卫星至今，人类已经向太空发射了5000多个各种各样的卫星和航天器，但是目前仍在太空中正常工作的仅有600～800个卫星和航天器，而剩下的数以千计的卫星和航天器已经丧失功能，被遗弃的卫星和航天器却在轨道上乱闯乱窜，加上每次发射卫星和航天器都会产生各种各样大大小小的碎片，包括火箭残骸、卫星防护罩等碎片大约有3500万个散落在太空中，形成了大约3000吨的太空垃圾群。更可怕的是，这些太空垃圾的存在犹如一颗颗威力巨大的"定时炸弹"。这是因为哪怕是一块像鸡蛋大小的碎

片，它在太空中以每秒10千米的速度飞行所产生的破坏力相当于同等质量TNT炸药爆炸时释放能量的24倍。也就是说，在太空中正常运行的载人航天器或空间站一旦碰到碎片，就难逃机毁人亡的厄运。"

妮妮听后大吃一惊，迫不及待地问爸爸："果真如此可怕吗？那么，有没有发生过卫星互相碰撞的事故啊？"

爸爸回答说："2009年2月10日注定是人类宇宙史上一个悲惨的日子，美国和俄罗斯的两颗卫星在西伯利亚上空约800千米处相撞，导致一颗正在工作的美国'铱33'商用通信卫星彻底损毁，连同一起丧命的俄罗斯'宇宙2251号'卫星报废产生的大量碎片犹如天女散花一般，变成两团可怕的太空垃圾云。我国发射的'天宫一号'空间站，在整个运行期间，多次面临太空垃圾撞击的威胁，通过相应的'躲避'技术才幸免于难。飘浮在太空中的垃圾碎片看上去像一只只蝴蝶，却蕴藏着巨大的杀伤力。所以，人们在发射新的人造卫星、航天器或建空间站时，如何避让这些太空垃圾成了一个十分艰巨的任务。"

妮妮着急地问爸爸："那该怎么办啊？能不能把太空垃圾也像地球上的垃圾一样清理掉呢？"

爸爸告诉妮妮："早在1996年，联合国大会通过一项决议，要求

各会员国开展一项'绿盾计划'的工程，对空间物体与空间碎片的碰撞问题进行研究，寻求更佳的处理技术。例如，对运载火箭和航天器采取无垃圾式的设计方法，让它们在进入轨道之前就自行处理各种废弃物；又如，改进航天器的结构，把需要处理的各种垃圾转移到其他无用的轨道上，或者让太空垃圾脱离运行轨道等等。美国、俄罗斯、中国和欧洲等国家为此还专门成立了一个'空间碎片协调委员会'，对太空中数以千万计的垃圾碎片进行长时间地有效监视和追踪，并把它们一一编列在册，便于以后处理。"

妮妮接着问爸爸："如此说来，迄今为止，科学家研制出哪些清除太空垃圾的技术装备呢？"

爸爸回答说："2010年，美国国防高级研究计划局启动一个叫'电力碎片消除器'的科研项目，这种'电力碎片消除器'实际上是一个安装了200张电磁网的航天器，它可以用来捕捉近地轨道上的空间碎片，科研人员亲昵地叫它'空间垃圾车'，并宣称一旦试制成功，只需使用12辆'空间垃圾车'，在7年时间内就能捕获近地轨道上2465个两千克以上的垃圾碎片，并把这些垃圾碎片打包后，投掷到南太平洋里。一位未来学家设想了一种新型太空垃圾车，它长着一副

方方正正的模样，四周装有红外线感应器，红外线能探测到离太空垃圾车1米远的地方。一旦太空垃圾飘进红外线的探测范围内，红外线感应器便会响起警报声，太空垃圾车立刻喷射出一种黏液，黏在太空垃圾上之后，就像被人拖拉着一样，装到太空垃圾车里。如果太空垃圾很大，也不用担心，太空垃圾车会向太空垃圾喷洒一种特殊液体，把整个垃圾都包起来，然后使其慢慢变小；如果太空垃圾太多，太空垃圾车快要装满时，它自己就会按下按钮，将太空垃圾分解成水。"

爸爸接着说："2014年，澳大利亚科学家着手研发一种利用激光技术来处理太空垃圾的新方法，也就是说，人们从地球上发射激光来分解绕着地球转的太空垃圾。据悉，激光清除太空垃圾主要有两种方式：一种是直接烧蚀的方式，它采用强大、连续的激光来照射太空垃圾，把太空垃圾加热到熔点甚至沸点，使其被熔化和汽化，这种方式适合于处理微小的太空垃圾；另一种是烧蚀反喷的方式，用于清除较大的太空垃圾，它采用高能脉冲激光束来照射太空垃圾的表面，让它产生类似于发射火箭时的热流，加快它进入大气层的速度，通过强力摩擦而烧毁，这种方式适合于处理较大的太空垃圾。有的科学家提出了一种天基激光器的新设想，把激光器安装在专用卫星上。激光在太空真空环境中传播的损耗可以忽略不计，而且不会发生折射、散射等现象，这比在地球上发射激光强得多，可让它的使用范围更加宽广。"

妮妮好奇地问爸爸："那么，人类在探索太空活动时，有没有不产生垃圾的方法呢？"

爸爸告诉妮妮："当然，与各种处理太空垃圾方案相比较，更好的办法是尽量不产生太空垃圾。否则，随着人类探索太空活动的日益增多，太空垃圾也以每年2%～5%的速度增长。目前在低地球轨道上的太空垃圾密度，即将达到危险的临界点。澳大利亚一位专家警告说，到2300年，可能任何东西都无法进入太空轨道了，科幻电影《重力》中所呈现的太空垃圾灾害将变成现实。因此，科学家正在规划不产生太空垃圾的方案，其中一种方案就是在卫星上加装一个廉价的折叠式气球，卫星失效后让它快速返回地球，重新加工利用。也可以在运载火箭上加装燃料排空装置，完成使命后不让它爆炸产生碎片，而是在大气层里磨耗殆尽。"

一支太空笔的神奇故事

下个学期开学时，丹丹要进入三年级下半学期了。在放寒假前最后一次班会上，班主任老师告诉同学们，从下学期开始要练习钢笔字了。丹丹回家后，兴奋地告诉妈妈，准备下学期新文具时，别忘记买钢笔。

一天，丹丹偶然看到隔壁邻居上高中的大哥哥居然还在用铅笔填写答题卡，不免感到有些意外，忍不住把这个疑惑告诉了爸爸。

爸爸听后，笑着告诉丹丹："你真是一个会动脑筋的好孩子。铅笔历史十分悠久，发明至今至少已有400多年，它是一种价格便宜的书写工具，不但携带方便，而且可修改可擦写，用途十分广泛。例如，可以在野外绘画，软硬不一的铅笔能表现各种各样的风格，比油画、水彩画方便多了；又如，做各种木工家具、用品的画线也离不开它；再如，用铅笔涂写答题卡非常方便，小朋友还可以使用彩色铅笔画出多姿多彩的图画……"

爸爸话音刚落，丹丹就忙不迭地抢着问："爸爸，那么，铅笔是谁发明的啊？"

爸爸回答说："这个话题说来可长了，早在1564年，一个居住在英国坎伯兰郡波罗谷的牧羊人放牧时，在附近一棵被狂风吹倒了的大树树根蟠结处，发现了露出地面的一大堆呈黑灰色的石墨，他在不经意中用石墨在羊的身上画记号。不久，这个消息传到了城里，城里人开始把石墨矿石切成细条，运到伦敦市场上出售，卖给店主和商人给货物做记号，于是这种当时被称为'打印石'的最原始铅笔诞生了。不过，这种石墨铅笔很容易碎裂。1761年，一位名叫法贝尔的德国化学家把石墨矿石研磨成粉末，用水冲洗掉其中的杂质，提取到纯净的石墨粉，经过各种各样的试验，法贝尔终于发现，在石墨中掺入硫黄、锑和树脂，经过加热凝固后，便能压制成一根根铅笔。最后，在铅笔外面裹上纸卷，放在商店橱柜里出售。这种硬度合适、书写流畅和不容易弄脏手的铅笔，一经上市便大受人们欢迎。"

爸爸停下来喝了一口茶，继续说："不久之后，法国化学家兼发明家孔特在一个偶然的机会，在石墨中掺入了一些黏土，结果出乎意料地发现，这种石墨和黏土的混合物成了世界上最好的铅笔，在石墨中加入不同性能的黏土，还可以得到不同软硬的铅笔。直到1812年，住在美国马萨诸塞州的一位木匠威廉·门罗，用机械给石墨铅笔制造了一件木质外衣，这件外衣有两片长5至18厘米的半圆木条，在每片半圆木条中间用机器挖出一个刚好适合铅笔芯的凹槽，嵌入一根石墨条后，再将两片半圆木条合起来用胶水粘紧。于是，与现在一模一样的铅笔就这样诞生了。霎时间，威廉·门罗也成了家喻户晓的风云人物。数百年过去了，铅笔的魅力仍不减当年，就连最高端的宇航员也曾经在太空里使用过铅笔。"

丹丹一听，惊讶地问爸爸："宇航员也要用铅笔，这究竟是怎么一回事啊？"

爸爸告诉丹丹："宇航员之所以在太空中要使用铅笔，最根本的原因是因为普通的钢笔和圆珠笔在太空失重条件下，都无法正常使用。不过，宇航员使用铅笔实际上是无奈之举，这是因为宇航员使用铅笔存在着隐患，一旦铅笔芯在使用中不慎断裂，断裂的铅笔芯有可能飘进宇航员的鼻腔或眼睛，对人体造成伤害。更危险的是，石墨制成的铅笔芯是个导电体，一旦附着到那些布满电路的仪器上，就会引起短路故障，造成不堪设想的严重后果。"

丹丹迫不及待地追问："如此说来，在太空中使用铅笔这般危险，那么有没有其他的笔可以替代呢？"

爸爸回答说："别急，别急，故事还没有说完呢！美国科学家为了解决这个迫在眉睫的难题，提出了研制'太空笔'的方案，这是一种在失重环境下使用的特殊笔。在整个研制过程中，民间还曾流传过一种有趣的说法：美国科学家们绞尽脑汁、苦思冥想也没取得任何进展时，便向全国人民发出有奖征集方案公开信。有一天，他们收到一个特殊的包裹，上面写着一行笔法稚嫩的字：能否试试这个？科学家打开包裹一看，顿时目瞪口呆，里面装的竟然是一大把铅笔，而寄出这个包裹和写上这行字的人是一名热心的小学生。

　　"与此有异曲同工之妙的，是一部曾红极一时的电影《三傻大闹宝莱坞》，在这部电影中有一个非常重要的道具，就是在新生入学时，酷似爱因斯坦的校长妙语连珠地向他们大肆夸赞一种'太空笔'：笔尖经过27道工序精制而成，笔腔和笔珠配合超级精密，确保不会脱落；笔芯不漏油、不挥发，任何角度和任何温度都可书写自如……正当校长在滔滔不绝地演讲时，一位男生突然向校长提问：'为什么不用铅笔呢？'顿时让校长尴尬不已。"

　　丹丹接着问爸爸："那么，科学家们最终有没有成功研制太空笔呢？"

　　爸爸告诉丹丹："刚才说的两个小故事，是告诉人们看似复杂的问题，只要换一种思维方式，也许就会有简单的答案。事实上，太空笔的研发过程也证实了这一点。太空笔的发明者是1914年出生在美国堪萨斯州的发明家保罗·费舍尔，在他6岁的时候，就展现了发明创造的天赋。他用麦片空盒、几根电线和半导体元件居然鼓捣出了收音机，但由于家境贫困，他不得不边上学边打工，直到34岁才有了第二项发明，这就是轰动一时的镀铬子弹笔，让他一举成为国际制笔行业的领头人。1953年，费舍尔再接再厉，发明了圆珠笔的通用笔芯，连当时的美国总统肯尼迪也亲自邀请他撰写了圆珠笔检测的质量评估报告，一时间成为美国家喻户晓的人物。"

爸爸接着说："即使在接二连三取得突破性成功的情况下，这位被中国人亲切地称为'蓝眼睛神笔马良'的费舍尔也并没有放慢自己的脚步。1956年，当费舍尔得知宇航员只能冒着生命危险使用铅笔进行书写时，这位制笔泰斗再也坐不住，开始行动了。在申请不到专项科研经费的情况下，他毅然自掏腰包200万美元。经过两年的努力，终于成功研发了一种采用密封气压笔芯、充氮笔尖的太空笔。宇航员书写时，笔内的触变性超沾油墨便能顺畅流出，甚至可写在油污浸透的表面上，深受美国宇航员的青睐和追捧。然而，费舍尔并没有因此哄抬笔价，仅以每支2.95美元的价格出售。"

在火星上 "开车"啥滋味

　　小小年纪的子皓是一个不折不扣的赛车迷，也许是这个世界上最刺激、最惊险、最高难的驾车情景吸引了他，每逢电视节目转播F1一级方程式锦标赛，他从不错过任何一场。法拉利车队莱科宁、迈凯轮车队汉密尔顿、雷诺车队阿隆索等车手的名字都背得滚瓜烂熟，同学们都叫他"飙车小王子"。

　　有一天，子皓突发奇想：如果把赛车送到火星上，还能像在赛车场上一样跑得飞快吗？那车手开车又有怎样的滋味呢？带着强烈好奇心的子皓把这个奇怪的想法告诉了爸爸。

　　在航空航天研究所工作的爸爸听完子皓的想法后，不由得哈哈大笑起来。

　　爸爸对子皓说："把赛车开到火星上究竟会怎样，或许目前人们还不知道，但是已有一批特殊的车手在地球上遥控驾驶火星车，我把他们鲜为人知的故事讲给你听，好吗？"

　　子皓兴奋地点了点头，聚精会神地听爸爸说。

　　在美国洛杉矶一个叫帕萨迪纳的卫星城市里，有一群特殊的驾驶员在一幢并不起眼的大楼里上班，他们是美国国家航空航天局所属喷

气推进实验室中的16名成员，共同负责操控"好奇号"火星车在火星坑洼不平的地面上漫游，把"好奇号"火星车开到科学家指定的地点。

今年36岁的马特·赫弗利是这个驾驶团队的负责人。在一个普通的工作日里，他像其他很多年轻的父亲一样，早上6点起床，一边大口地喝咖啡，一边给小孩准备三明治……出门前，他匆匆穿上牛仔裤和T恤，随后开车载着两个孩子去幼儿园，在上班路上去了汽车4S店检查了丰田车的刹车装置，还顺便在银行ATM机上取了钱。

他到了办公室，这里的很多地方与其他办公室并没有什么两样：灰色的纤维地毯、荧光灯照明和格子式的隔间，除了一大堆特别显眼的红牛饮料空罐之外，大部分都未加装饰，在一个小小的食品储藏室里也仅有一些成包的果脯零食或真空快餐，很难想象它与火星车有什么关系。但事实上，一台价值25亿美元的火星车正等待着马特·赫弗利去"驾驶"。

这个重达2000磅的"好奇号"火星车在2012年8月成功地登上火星，它共有六个车轮，以钚燃料为动力，车上装有诸如激光等能够烧熔岩石、捕捉样本和收发信号的各种超级设备，却偏偏没有方向盘、操纵杆和油门。

那么，马特·赫弗利和他的队友们又是如何来完成"驾驶"任务的呢？

实际上，他们并不是像平时开车那样进行实时驾驶操作的。"驾驶"火星车是一个容易让人产生错觉的概念，电脑键盘透露了其中的奥秘：在夜晚，马特·赫弗利和他的队友们会按科学家制订的火星车行动计划，通过电脑键盘输入几百个电脑指令，告诉"好奇号"火星车下一步该往哪儿走；天亮时，他们就会借助无线电通信装备，把预先编制好的电脑指令发出去，随后他们便离开办公室回家。

难怪，连马特·赫弗利和他的队友们也感到不可思议。在很长一段时期内，驾驶员们按照火星上的时间生活和工作，火星的一天要比地球的一天长39分钟35秒。这种时差的累积对驾驶员来说特别明显：在短短的两周时间里，地球上的上午就变成了火星的夜晚，相当于每三天向西跨越两个时区，长期处在不断地倒时差的状态。"昨晚我在

火星上开车，今天我却在家中庭院里修剪草坪，这太不真实了。"赫弗利如是说。

一名39岁的女驾驶员万迪·汤普金斯更是无比激动地对媒体记者说："你必须尽量不去想火星上发生了什么事，虽然这很难做到。因为你担任的是一名特种驾驶员，根据你的指令，'好奇号'火星车可能会安全地行驶，反之，你也许会把一份巨大的国家资产从悬崖上扔下去。这并非像普通驾驶员下车时，说一句'不要忘记把垃圾带出去'之类的话那样轻松。"

其实，美国国家航空航天局的火星勘探项目是一个庞大的航天探测工程，开展调查火星的气候和地质情况，对"机遇号"和"好奇号"火星车实施监控，仅项目的科研工作人员就有几千人，而"好奇号"驾驶团队作为火星勘探项目中的一个小组，却通过视频震撼了全世界。

身穿统一蓝色马球衫的团队成员们，聆听任务指挥官宣布"好奇号"火星车登陆成功的消息。"哦，我的天哪！我们是在火星上'开车'的人，看起来像是童话世界里的蓝精灵。"赫弗利无比兴奋地对队友们说。

在工作日，驾驶员们有严格的时间安排。"好奇号"火星车在火星时间下午4点发回报告，说明行驶情况，此时400多名科学家对发回的数据进行评估，与驾驶员们讨论火星车下一步行驶的方向。一旦制定了计划，驾驶员就会带着3D眼镜观察火星地表图，寻找潜在的危险状况，并用电脑动画来模拟一条行进路线。"好奇号"火星车的移动往往是以厘米来计算的，一天最多也只是在几米至数十米范围之内，这是因为它没有简单地向后倒退的功能，稍不留神就会发生噩梦般的场景。

　　为了减轻工作压力，驾驶团队组建了一个办公室垒球队。比赛时队员们头戴棒球帽，身穿T恤和短裤，有时还会套上莫霍克假发做游戏。即使是在乘坐电梯时，队员们也不忘幽默一把："可以帮我按一下七楼吗？我要去木星。"他们没有开玩笑，七楼正是太阳系最大行星木星探索项目组所在的楼层，火星探索项目组在六层和四层。一名56岁的驾驶员约翰·赖特面对记者提问："你是做什么工作的？哦，你是一个投资银行家吗？"他含蓄又自傲地回答说："我所做的事，绝对是世界上最酷的工作，我开着全球最昂贵、最奇特的车在火星上漫游。"

人类探秘

太空之路

"嫦娥奔月"的幕后戏

　　有一次，在航天爱好小组的活动中，一位新近参加活动的低年级李同学悄悄地问家玲："'嫦娥三号'探测器在月球登陆时，为什么不用像降落伞那样的工具呢？"家玲想了一想，犹豫不定地告诉李同学："可能是月球上空的空气太稀薄了吧，不像地球那样的大气层可以使降落伞产生浮力，让物体慢慢地着陆。"

　　事后，家玲找到辅导老师，一股脑儿地把自己的想法向老师和盘托出。

　　老师边听边赞许地对家玲说："你的这个想法是符合科学原理的，像月球这样没有大气层的地方，确实是不能使用像降落伞这样的工具，登月航天器降陆是一个难度极高的世界级技术，必须要依靠火箭发动机来精准控制航天器降落的角度和速度。自1958年以来，世界各国一共进行了100多次月球探测活动，但其成功率仅有51%。2013年12月14日，'嫦娥三号'探测器一举成功在月球着陆，这标志着我国成为世界上第三个实现地球之外航天器软着陆的国家。"

　　家玲迫不及待地问老师："那么，科研人员是如何做到精准地操控'嫦娥三号'探测器成功登月的呢？"

老师告诉家玲："'嫦娥三号'探测器奔月成功的背后隐藏着许多鲜为人知的'幕后戏'。地面操控人员通过无线电波宇宙通信向'嫦娥三号'探测器发送各种指令，便是其中的一个重头戏。也就是说，人们通过无线电波信号这双无形之手，把地面指挥中心的一连串控制操纵指令送到'嫦娥三号'探测器上。然而，这种宇宙通信方式与人们平时使用的诸如手机等无线通信相比，在技术上要困难得多。这是因为无线电波信号要从地面指挥中心发射到距离地球大约38万千米的'嫦娥三号'探测器上，经过如此远距离的传播损耗，对方最后能够接收到的电波信号功率，仅仅只有发射时功率的2000万分之一，微弱到只相当于一片雪花落到地面上的能量，甚至连一个耗电极小的LED（发光二极管）发光指示灯也点不亮。

"为了啃下这块技术'硬骨头'，中国电信人跟随我国奔月工程团队一起，开始一路'攻城拔寨'。无线信号如何精确定位和放大，在远距离传播途中如何交替接力和转发，探测器如何无误接收和排除杂波干扰，又是如何来进行精确测距、测速和测角，确保探测器'不出轨'……真可谓'功夫不负有心人'，中国电信人攻克了宇宙通信的一系列关键技术。高、精、尖的宇宙通信犹如一个忠实的'信使'，分分秒秒地传达航天人的各种指令，就像有一双无形的手在操控'嫦娥三号'探测器一样，让它乖乖地听从指挥，做出调整姿态、加速减速、下降悬停、收起和打开太阳板等一系列漂亮的动作，即使在被国外同行称之为地面无法直接操控的'黑色瞬间'时段内，中国电信人仍能牢牢把控'嫦娥三号'探测器的一举一动，并将无线电信号传回地面，连外国专家也不得不竖起大拇指啧啧称赞。"

家玲好奇地问："'嫦娥三号'探测器是靠什么来执行那么多的指令的？"

老师回答说："你问得真好啊，如何让'嫦娥三号'探测器执行指令，这又是一场中国航天人导演的精彩无比的'幕后戏'。专家们把'嫦娥三号'探测器比喻为一台外形奇特的巨大计算机，正如其他计算机一样，想要让它正常工作，其操作系统是'灵魂'，但很少

有人知道在'嫦娥三号'探测器上用的是什么样的操作系统，专家告诉人们，它既不是微软的Windows、苹果的MacOS，也不是谷歌的Android，这个被专家称为'秘密武器'的操作系统，就是我国自行研发的SpaceOS。这种国产SpaceOS操作系统的技术要求已达到了超级严苛的程度，这是因为它不仅要同时管理几十个极其复杂的任务，而且还要经受得住月球恶劣太空环境的考验，并跟随'嫦娥三号'探测器在十几年甚至更长时间里不罢工。否则一旦发生一丁点儿的意外闪失，其后果便不可收拾。例如，当探测器一边不停地拍摄月面环境，一边快速保存和处理这些信息时，哪怕操作系统发生瞬间死机故障，就会丢失难以弥补的珍贵资讯；又如，'玉兔号'月球车在月球地面上行走时，如果突然遇到一个凹坑或凸起物，操作系统就必须在最短时间内判断并做出反应，一旦操作系统出错，月球车就有可能掉进坑里或翻倒在地。"

家玲接着又问老师："既然开发航天器的操作系统如此困难，那么，为什么不直接使用已经十分成熟的操作系统呢？"

老师一脸严肃地告诉家玲："包括探月工程在内的航天宇宙科学，是一个事关国家安全的关键领域，如果采用'拿来主义'，使用国外现成的操作系统，是十分危险的。这是因为搭载了他人开发的操作系统的同时，也就意味着把航天器的掌控权也同时交给了他人。更

何况国外操作系统的相关核心技术是严密封锁的，即使想要全盘借用也是不可能的。所以，自行研发国产操作系统是中国航天人义不容辞的责任。据悉，为了配合将来发射'嫦娥五号'探测器这一更为复杂的探月任务，一个由十几个人组成的年轻科研团队，如今正在进行SpaceOS操作系统第三代产品的研发工作。"

家玲迫不及待地问："那么，SpaceOS操作系统的第三代产品有哪些新亮点呢？"

老师回答说："据有关部门披露，SpaceOS操作系统的第三代产品将更加先进、更加前沿，它将统管'嫦娥五号'探测器上的高性能多核计算机，让它的运算速度和处理能力更上一层楼。更夺人眼球的是，第三代SpaceOS操作系统将采用'形式化验证'这个被全球计算机业界公认的最前沿技术。专家们指出，第三代SpaceOS操作系统一旦研发成功，将会彻底改变我国航天宇宙探测领域的设计模式。也就是说，今后航天器诸如通信、遥控和寿命等设计是否正确验证，再也不用通过大量耗时耗力测试的方法来进行，只需通过建立一个模型便能验证所设计的软硬件是否正确无误，可以从根本上确保航天器计算机运行正常。科学家们甚至乐观地预言，也许有一天，你的计算机或智能手机也会用上这种先进的操作系统。"

"玉兔号"发现秘密

一天，朝朝发现"玉兔号"月球车居然在新浪网上开了个人微博"@月球车玉兔"账号，这个粉丝超百万且擅长卖萌的乖乖兔"说一套、做一套"。自称长相平平并非"小女神"，却毫不犹豫地贴出了一张萌萌的"个人玉照"，还发文做了自我介绍：本小兔的"三围"尺寸为1.1米高、1.5米长和1米宽，体重140千克，与美女相比有点超标哦；我还有一对用来获取和保存太阳能的"翅膀"，它是我工作的电源动力；我的一对前爪是挖掘神器，可以用来钻孔、研磨和采样；为了让我像兔子一样行动灵巧，主人给我装了6只轮子和4只眼睛，这6只轮子让我向前、转弯、后退、原地打转和横向侧摆无所不能，而由全景相机和导航相机充当的4只眼睛，不仅让我看得一清二楚，在任何情况下不打滑，也不翻车，而且能拍摄高质量的动态和静态图像。难怪乎，连著名科幻作家刘慈欣也忍不住向"@月球车玉兔"发信息问候，这让兴奋过度的玉兔不知如何是好了……

为了彻底弄明白"玉兔号"月球车身世的来龙去脉，朝朝决定向辅导老师求教。

老师告诉朝朝："迄今为止，世界上成功运行的月球车总共有5

辆，它们都是在20世纪70年代发射的，其中2辆是苏联的无人驾驶月球车，3辆是美国的有人驾驶月球车。所以，'玉兔号'是近40年来再次登上月球的无人驾驶月球车，尽管它的个头比苏联月球车要小，但是其机械驱动装置、电子设备和探测仪器的先进性都已不可同日而语。先来看一下'玉兔号'月球车的机械驱动装置，看似简单的6个轮子和1条摇臂，里面却蕴藏着许多科学道理。因为当月球车遇到障碍物或者路面不平时，一旦有2个轮子悬空了，剩下的4个轮子仍能保证月球车平稳行走，而呈网状的轮子一边行走一边把沙子漏掉，即使遇到小坡月球车也能顺利爬过去；1条摇臂更像走钢丝表演者手中所握的平衡杆，月球车在高低不平的地面上行走时，摇臂就能自行调整月球车的重心，不让它翻倒在地。

"再来说一下'玉兔号'月球车上的电子设备和探测仪器。除了和大多数旅行爱好者一样，'玉兔号'也带了4台'长枪短炮'般的数码相机，这当然不是用来自拍作秀的，而是作为'玉兔号'月球车的'眼睛'，这4只'眼睛'不仅可以看清着陆月球时的情景和月球表面的地形地貌，而且还能拍摄高清晰度的照片，将它们记录在案。最令人期待的是，'玉兔号'月球车上的3样重量级的科学探测'法宝'，它们分别是'粒子激发X射线谱仪''可视近红外成像光

谱仪'和'探月雷达'。装在'玉兔号'月球车机械臂上的'粒子激发X射线谱仪',就像医院里用来检查患者的放射机一样,会自行对挖掘到的月壤、月岩样品发射α射线和X射线,让样品表面形成射线荧光频谱。而装在'玉兔号'月球车前端的'可视近红外成像光谱仪',就是用来获取样品表面产生的射线荧光频谱,并将频谱记录在案,以便科学家根据射线荧光能量和强度的大小及其频谱图,就可以分析出月球表面有哪些化学物质和元素组成。更让'玉兔号'月球车大显身手的是,装在月球车车底下的'探月雷达',会自主对月球地层发射电磁脉冲波,借助电磁脉冲波遇到不同性质地层就会在分界面上反射的工作原理,科学家可以依据反射回来的电磁波,来推算月球地层的结构组成,这是人类探月以来首次对月球表面直接进行'体检'。令人鼓舞的是,这个'探月雷达'采用边走边探测的方式,就像外科医生剖肚开膛那样,'探月雷达'等于把月球地下切开一刀朝里看,月壤究竟有哪几层,月壤里有没有岩石块,把月球地下400米内的结构查得一清二楚,你说牛不牛?"

朝朝听后,忍不住问老师:"那么,'玉兔号'月球车为什么要携带这么多的科学探测仪器啊?"

老师回答说:"这与我国探月工程设计的目标任务有关,尽管早在20世纪70年代苏联和美国进行了几次探月计划，但是仍未寻找到月球上几个关键科学问题的答案。例如，月球是不是由于45亿年前，地球受到一个火星大小的天体撞击后形成的；又如，月球外壳的形成，是不是从早期火山喷发的岩浆演化而来的；再如，月球上的月海盆地又是怎样形成的，月球上的玄武岩层喷发究竟发生了多少年……这些当年'阿波罗探月计划'未能完成的壮举，一下子落在了小小'玉兔号'的肩膀上。于是，中国宇航人把高精尖的探测仪器搬上了'玉兔号'月球车，期待它能在人类探月史上迈出一大步。"

　　朝朝好奇地问老师："'玉兔号'月球车究竟有什么新的发现呢？"

　　老师告诉朝朝："'玉兔号'月球车身手不凡，可谓忙前忙后、不亦乐乎，一边进行射线频谱扫描、分析，一边探地百余米，科学家们从'玉兔号'月球车发回的大量数据信息中收获颇丰。首先，科学家发现了一种新的玄武岩地质类型，这个玄武岩规模巨大的体量令人大吃一惊。科研人员通过射线频谱扫描和分析，第一次获得了月壤中12种化学元素的准确含量。这与'阿波罗探月计划'所在的月海盆地大不相同，这就意味着'玉兔号'月球车所探测到的雨海盆地月壤含有以往未被发现的化学成分，而'探月雷达'所测得的新玄武岩层195米的厚度数据，也印证了年轻的雨海盆地在25亿年前仍有大规模的火山喷发。其次，'探月雷达'第一次测得了着陆区域的月壤结构和厚度，揭开了月壤分层结构的神秘面纱，纠正了以往人们通过间接方法算出月壤厚度偏低的误差，这意味着月球月壤中蕴藏的氦3和氢等重要资源，要比人们估算的多。再次，'玉兔号'月球车对月球表面的实地直接精确测量，不仅让科学家掌握了第一手的月球科学资料，而且还解决了以往难以精准评估通过轨道遥感方法测得数据的难题，也就是说，科学家有了从'玉兔号'月球车发回的测量数据，就等于拥有了对轨道探测数据进行修正处理的标准。专家指出，'玉兔号'月球车功不可没，将被永久载入人类探月工程史册。"

从"嫦娥"飞船
解读探月工程

　　庄庄从小就喜欢听外婆讲嫦娥奔月的故事，每逢中秋节吃月饼的时候，更是缠着外婆要讲一遍嫦娥的故事，百听不厌。外婆总是拉着庄庄的手，一边赏月一边说："很久很久以前，天上有10个太阳，老百姓活不下去了，一位名叫后羿的英雄，登上昆仑山顶，用神弓一口气射下了多余的9个太阳。不久，后羿娶了个美丽善良的妻子，她的名字叫嫦娥，小两口生活得十分美满。一天，后羿访友求道时，巧遇从天庭下凡巡视的王母娘娘，便向王母娘娘求得一包长生不老药。几天后，后羿率众徒弟外出狩猎时，一个假装生病、名叫逄蒙的奸诈小人，手持宝剑闯进内宅，威逼嫦娥交出长生不老药。嫦娥急中生智吞下了仙药，霎时间，身体飘离地面，冲出窗口，向天上飞去……嫦娥牵挂丈夫后羿，便在离人间最近的月亮上成了仙。从此以后，就有了中秋拜月的节日。"

　　2004年，庄庄第一次踏进小学大门时，正值国家正式宣布开展月球探测的"嫦娥工程"计划，并规划了"无人月球探测""载人登月"和"建立月球基地"3个实施阶段。这让仍惦记着嫦娥奔月故事的庄庄兴奋无比，懵懵懂懂的她，从此对探寻月球奥秘产生了浓厚的兴趣。2007年10月24日，"嫦娥一号"飞船成功发射；2010年10月1日，"嫦娥二号"飞船顺利升空；2013年12月14日，"嫦娥三号"飞船在月球表面实现软着陆……庄庄无一例外地关注着"嫦娥工程"的每一次行动，生怕遗漏任何一丁点儿的信息。

这不，2016年2月21日，电视新闻里传来了一个令人鼓舞的消息："嫦娥三号"飞船着陆器已于2月18日成功自主唤醒，进入了第28个月昼工作期。如今，已是学校天文兴趣小组组长的庄庄，不由得想：设计寿命仅为1年的"嫦娥三号"探测器，在月球温度极低的恶劣环境下，经历797个月夜，超期服役14个月之后，居然仍能自行苏醒投入正常工作，实在有些不可思议。

在天文兴趣小组活动时，庄庄忍不住问辅导老师："'嫦娥三号'飞船着陆月球后，为什么要经历多次'工作—休眠—唤醒—再工

作'的循环呢？"

老师告诉庄庄："这是因为月球的昼夜时间段与地球上不一样，月球上的夜晚往往会持续14天的时间，这对'嫦娥三号'探测器来说无疑是一个严峻的考验。这是因为不仅在月夜期间月球表面温度最低会下降到零下180摄氏度，而且在漆黑一团的月夜里没有阳光可为太阳能电池板提供能源，完全要靠蓄电池来维持所有设备的电能消耗就很困难。为此，在月夜期间让'嫦娥三号'探测器休眠，以减少蓄电池的消耗，并启用核加热装置，让'嫦娥三号'探测器里的所有科学仪器保持在零下40摄氏度以上，以免在休眠期间被低温冻坏。等到月昼有阳光时，再唤醒其恢复正常工作。"

庄庄接着问老师："那么，这次'嫦娥三号'探测器从'梦乡'被自主唤醒后，它还能为人类做些什么呢？"

老师回答说："对未知世界的探索是人类自我追求的一个永恒

梦想，也是人类拓展生存空间的必由之路。月球是距离地球最近的天体，其独特的空间位置和潜在资源，便成为人类探测茫茫宇宙的起点和基础。这次熬过月夜寒冬的'嫦娥三号'探测器，成了在月球表面上工作时间最长的人造航天器。专家通过遥控测试发现，在'嫦娥三号'探测器上，至少还有2台关键设备仍能继续工作。一台设备是月基天文望远镜，它能够在月亮上观测天文，可为科学家提供更多、更清晰的天文照片，以便发现在地球上无法观察到的宇宙秘密，这是因为在地球上观察往往会受到大气活动、磁层、电离层和各种污染的影响，而月球恰好是一个超高真空、无风雪雨霜的环境，用天文望远镜可以看得一清二楚；另一台设备是极紫外相机，它可以利用月球的特殊环境，来拍摄地球外面的等离子体层。科学家告诉人们，这是一项开创性的探测科研项目。在世界宇宙探测史上，从来没有人在月球上做过这项对人类至关重要的科研工作，这是因为人们通过观测在太阳风作用下的等离子体层，以及其结构和密度的变化，人类就能掌握太阳与地球空间环境的特点和变化。科学家预测，月球的特殊环境条件，也许能一直完好地保留'嫦娥三号'，为人类探月工程继续贡献力量。"

庄庄又问老师："听说，我国将在2017年发射'嫦娥五号'飞船，那么，'嫦娥五号'飞船长什么样啊？"

老师告诉庄庄："'嫦娥五号'飞船与它的'姐妹们'相比要复杂得多，光从飞船的结构来说，'嫦娥一号'飞船是一个单体，'嫦娥三号'飞船是由着陆器和巡视器两个装置组成，而'嫦娥五号'飞船则由轨道器、上升器、着陆器和返回器四个装置组成，就像'葫芦娃'一样相互串在一起，所以专家们亲昵地把'嫦娥五号'飞船叫作四器合体的'金刚葫芦娃'。科学家告诉人们，'嫦娥五号'飞船最主要的试验任务是完成探月工程'绕、落、回'三步走的最后一步，也就是说，通过轨道器、上升器、着陆器和返回器的多次分离，最终实现采样返回的预定目标。换句话说，就是在'嫦娥五号'飞船登陆月球后，首先由着陆器采集月球表面的土壤或岩石样本，然后借助上

升器再返回到月球轨道上，接着再与轨道器进行对接，最后由返回器将样本运送回地球，从而取得中国挖掘的第一杯月壤。"

庄庄好奇地问："如此说来，与'嫦娥三号'飞船相比较，'嫦娥五号'飞船究竟采用了哪些新技术呢？"

老师回答说："'嫦娥五号'飞船所承担的试验任务十分艰巨，它有望实现我国开展航天活动以来的四个重大突破。'嫦娥五号'第一次在月球表面实现自动采样，第一次实现航天器从月球表面起飞，第一次在离地球38万千米以外的月球轨道上进行航天器无人交会对接，第一次实现带着月壤的航天器以接近第二宇宙速度返回地球。为了让'嫦娥五号'飞船顺利地完成取样返回的艰巨任务，科学家正在建设一个全新的模拟系统，对'嫦娥五号'飞船的试验任务进行全方位预演，特别是针对采样、转移、分装、自行发射和交会对接等关键技术进行攻关验证，专家们将这个担当预演的主角称为史上最牛探路者'小飞'。据悉，'小飞'的良好表现让我国航天人信心十足，不久中国人将首次'触摸'月球，中国人将来也一定能够站在月球上看风景。"

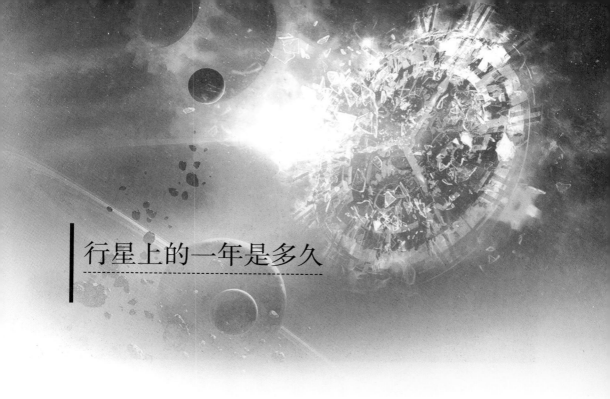

行星上的一年是多久

有一天，梅梅在图书馆无意之中读到了一本科幻小说《时间机器》，这不仅是英国著名科幻小说家乔治·威尔斯第一部涉及时间题材的科幻小说，也是世界时间科幻小说史的开山之作。她被小说近乎恐怖和错综复杂的情节深深震撼到了。

梅梅不由得联想到曾经听说过的"黑洞时间""时空旅行""时间粒子"等深奥难懂的名词，心里更是琢磨不透一个问题：假如在地球之外真的有"外星人"存在的话，那么，"他们"在外星球上又是如何计算时间的呢？

梅梅把自己心里的这个疑惑告诉了老师。

老师告诉梅梅："时间究竟是什么？这个既古老而又始终新奇的话题，实际上也是现代物理学家的一个重要研究课题。对大多数普通人来说，他们对时间的感受通常是它从往昔流向未来，不曾逆转，也不曾停顿过。发生在某一时刻的同一事件，便不可能在同样的时刻再现。当人们身心愉悦的时候，时间似乎转瞬即逝；当人们百无聊赖的时候，便感到度日如年。而对天文物理学家来说，他们对时间却有着许多活跃的议论和诠释，不同行星上有着不同的时间计算便是其中之

一。科学家曾讲过这样一个有趣且生动的故事：地球上有一对双胞胎姐妹珊莉和珊姆。有一天，珊莉搭乘一艘宇宙飞船高速飞向邻近地球的一颗恒星去旅行，而珊姆待在地球的家中。大约一年后，珊莉飞回地球，当她跨出宇宙飞船时，却惊奇地发现地球上已经过去了10年，现在珊姆居然比她大了9岁，再也不是具有相同年龄的双胞胎姐妹了。"

梅梅不解地问老师："那么，究竟是什么原因造成外星球与地球的计时不同啊？"

老师回答说："要想知道原因，首先要弄清楚宇宙中恒星和行星这两类不同的星球。所谓恒星，是指一种由等离子体组成的、自身能发光的球状或类球状天体。由于恒星离地球太远，如果不借助特殊的工具和方法，人们很难发现它们在天上的位置变化，因此古代人把它们叫作恒星。人类所处的太阳系中，太阳就是一颗恒星，人们在夜间才能看见比太阳更遥远的其他恒星。所谓行星，是指环绕恒星运行的、自身不发光的天体。它们通常呈现近似于圆球状的外形，并具有一定的质量，因为它们往往在椭圆轨道上环绕恒星运行，所以被人们称为行星。在太阳系中有八大行星，按照它们与太阳由近及远的距离，依次为水星、金星、地球、火星、木星、土星、天王星和海王

星。平时人们所说的一年时间的长短，是以行星围绕恒星公转的周期来定义的。然而，天文学家研究发现，事实上，在一颗行星上一年时间的长短，是由这颗行星到恒星的距离远近决定的。换句话说，不同行星一年时间的长短，其关键因素取决于它运行轨道的距离远近。因而造成了不同距离的行星就有不同的时间概念。在有些离太阳较近的行星上，一年的时间要比地球上短得多；在有些离太阳较远的行星上，一年的时间则要比地球上长得多。"

梅梅迫不及待地问老师："如此说来，那么在人类生活的太阳系中，各个行星的时间究竟有多大差异啊？"

老师告诉梅梅："经过天文学家的精确推算，在人类的太阳系中，距离太阳最近的水星上一年大约仅相当于地球上的88天；而对距离太阳是地球30倍的海王星来说，它围绕太阳公转一周的时间相当于地球上的165年。换句话说，人们在地球上每隔365天才能过一次年，而在水星上的'外星人'则每隔88天就可以过一次年。假如活在海王星上，他们将要到地球公元2042年才能庆祝下一个新年。"

梅梅接着问老师："既然各个行星一年的时间与地球不一样，那么在这些星球上，新年应该从什么时候算起呢？"

老师回答说："在地球上，人们通常将每年的1月1日定义为新的一年开始，这种做法基本上可以说是任意的。天文学家认为，可以采用一种将其与行星自身运行轨道特征紧密联系起来的确定方法，这是因为行星运行轨道的轨迹并非完美的圆形，而是稍稍拉长的椭圆形，这就意味着在其运行轨道上存在一个点，在这个点上，该行星到太阳之间的距离是最近的。在天文学上，人们将其称之为'近日点'。因而人们就可以将这个'近日点'规定为该行星的新一年'元旦'。"

梅梅又问老师："那么在太阳系之外的行星上，情况又会是怎样的呢？"

老师告诉梅梅："天文学家指出，迄今为止，人类已经确认发现了超过2000颗系外行星，另外还有大约3000颗疑似目标正等待后续确认。尽管目前还没有对系外行星给出准确的定义，但是行星围绕一颗'真正'的恒星或恒星残骸运行是必须的。按照这个原则，科学家把一年时间最长的冠军头衔授予了被命名为'GU Piscium b'的系外行星。这颗位于双鱼座的系外行星围绕恒星运行的轨道半径是海王星轨道的70倍，在它上面的一年时长大约相当于地球上的16.3万年。与其相反，科学家把一年时间最短的冠军头衔给了编号为'PSR 1719-14b'的系外行星，这颗围绕一个恒星残骸公转的系外行星，其运行轨道距离比地球与太阳间距离要近250倍，在它上面的一年时长大约相当于地球上的两小时。你说惊奇不惊奇！"

梅梅好奇地问："那么，天文学家为什么要研究不同行星上的时间长短呢？"

老师回答说："事实上，不同行星上的一年时间的长度，是科学家研究系外行星最为看重的指标之一。这是因为它能够告诉人们，这颗行星距离恒星究竟有多远。而行星与恒星之间的距离远近，又能够告诉人们这颗行星的温度高低。例如，对于水星而言，由于它距离太阳太近，科学家可以很容易地猜到它的地表温度一定会很高，生命难以在其地面上生存。又如，对于木星而言，由于它距离太阳太过遥远，你也能猜得到，它的地表温度一定会极低。如今，天文学家还在孜孜不倦地探寻极限距离的行星，这是因为在广袤无际的宇宙里，尚有许多人类未知的天体，谁知道再过几十亿年、几百亿年后，宇宙会发生什么样的变化呢？"

梅梅不由得想：如果说世界真奇妙，还不如说宇宙更神秘！

"天眼"看太空

　　一天，迪迪和同学们去电影院观看科幻大片，影片中，一个神奇的超级"天眼"系统短时间内可以把远在天边的人找出来。

　　这不由得让迪迪联想起望远镜的故事：自远古时代开始，人类始终对宇宙充满了敬畏和好奇，白天面对当空绚烂如炽的太阳，夜晚仰望布满夜空闪烁的星星，期望着揭开宇宙的秘密。直到1608年的一天，在荷兰米德尔堡小城一个眼镜作坊里，一名学徒在玩一块丢弃的废镜片，无意间用一前一后两块镜片向店外张望，突然发现远处的物体居然"跑"到自己的眼前来了。事后，他将此事告诉了老板利珀希，老板半信半疑地如法炮制，手持镜片轻缓地平移距离，果然远处的瓦片、门窗、飞鸟等仿佛就在眼前。于是，世界上就诞生了望远镜。

　　迪迪心想：望远镜发明400多年后的今天，天文学家通过射电天文望远镜观察宇宙早已不是一件新鲜事，然而，目前我国正在建设的世界上最大单口径球面射电望远镜，究竟能不能像电影中的"天眼"一样找到"外星人"？

　　老师告诉迪迪："2008年正式破土动工建设的500米口径球面射

电望远镜，如今其主体工程已完成。它不仅是世界上单口径最大的超级射电望远镜，其接收面积相当于30个足球场那么大，而且将在未来的20年至30年内保持世界领先地位，被全球天文界赞誉为中国'天眼'，其本领之强可见一斑。"

迪迪好奇地问老师："那么，中国'天眼'为什么要建在偏僻的贵州省黔南地区呢？"

老师回答说："据有关部门披露，我国科学家就这个世界级难题工程从设计到付诸落实，走过了一条外人所不知的极其艰辛曲折的道路。仅中国'天眼'选址这项工作，科学家们就经历了10年的苦苦搜寻和反复论证。一是因为500米口径球面射电望远镜体积庞大，它要占用约1平方千米的空间，这相当于30个足球场那么大。因此，最合适的是要找到一个能容纳这个'巨无霸'的天然山谷，而贵州省就有很多这样的巨大山谷；二是因为虽然射电望远镜的观测不受天气影响，但是它对无线电的环境要求十分严苛，广播电台、电视、手机以及其他无线电设备都会对射电望远镜的观测造成干扰，这就像开会时台下交头接耳的声音会淹没发言人的讲话声一样。因此，这就要求在

中国'天眼'半径5千米之内的区域里必须保持无线电'安静'，而贵州省黔南人烟稀少的偏僻山区刚好具备这个条件；三是为了使中国'天眼'维持良好的工作状态和延长其使用寿命，必须排除雨水、雾气和酸碱等有害气体和物质的影响，以免腐蚀和损坏中国'天眼'。因此，要求选址地点应具备良好的自然环境条件，而贵州山区可让雨水向地下渗透的喀斯特地貌刚好符合。'功夫不负有心人'，科学家们终于在贵州省平塘县克度镇找到了一片名为大窝凼的喀斯特洼地，它犹如一个天然的'超级碗'，刚好可以盛得下中国'天眼'的巨型反射面天线……"

迪迪迫不及待地问："那么，中国'天眼'究竟长啥样？它又有哪些超强本领呢？"

老师告诉迪迪："中国'天眼'的正式学名叫作'FAST'射电望远镜，它可不是平时人们用来看比赛或演出的普通望远镜。所谓射电，是指一种比红外线频率更低的电磁波段。射电望远镜的工作方式，就像人们收看卫星电视节目要用圆锅状接收天线那样，它通过圆锅状巨形天线的反射聚焦，把几平方米到几千平方米的信号聚拢到一点上。在广袤的宇宙空间里混杂着各种各样的电磁辐射波，来自遥远太空的电磁波信号就像淹没在雷声中的蝉鸣，如果没有超级灵敏的'耳朵'，根本就分辨不出来，而射电望远镜就是这种超级灵敏的'耳朵'。换句话说，人们要想捕捉到距离更远、强度更微弱的射电信号，'阅读'到太空深处的信息，就需要口径更大的射电望远镜。

射电望远镜的'圆锅'越大，它能辨识的射电信号距离就越远。天文学家们指出，与著名的美国'Arecibo'305米口径的射电望远镜相比，我国'FAST'射电望远镜的综合性能要高出近10倍，其太空通信数据的下行速率也要高出100倍，其时间测量精度可从120纳秒提高至30纳秒，成为国际上最精确的脉冲星计时阵。这就意味着远在百亿光年之外的深太空射电信号，'FAST'射电望远镜也有可能'捕捉'到，将人类的天文观测能力延伸到宇宙的边缘，让人们'看见'隐藏在宇宙中的暗物质和暗能量，寻找到第一代诞生的天体，从而发现目前人类尚未知晓的太空奥秘，甚至有可能让几万光年远的星球收到来自中国的问候。"

迪迪接着问老师："那么，'FAST'射电望远镜工程究竟什么时候能够建成啊？"

老师回答说："这项被专家们称为'观天巨眼'的'FAST'射电望远镜工程，是一项极其复杂的巨量工程，其总投资高达6.6亿元。迄今为止，前前后后已经走过了近20年的艰苦历程。据有关部门介绍，打开卫星电子地图，你可以看到'FAST'射电望远镜就像一口超级'大锅'架在大窝凼中，总面积高达25万平方米的反射面由4450块单元面板组成，并由上万根钢索将它们固定住，而上万根钢索则均匀地挂靠在一个总长超过1.5千米的钢梁圈上，让这口超级'大锅'悬在半空中，还有一条螺旋状的公路一直通到凼底，供设备维护人员和车辆通行。据悉，2016年7月3日，'FAST'射电望远镜完成最后一块

反射面单元的吊装，成为世界上现役的口径最大、最具威力的单天线射电望远镜。"

迪迪又问老师："'FAST'射电望远镜投入使用后，会不会发现'外星人'的蛛丝马迹啊？"

老师告诉迪迪："不久以后，原本边远闭塞的大窝凼将成为世人瞩目的国际天文学术中心。人们将期望寄托于犹如巨大'天眼'的'FAST'射电望远镜探测遥远的'地外文明'。因为他们知道这口500米口径的'大锅'，是名副其实的'变形金锅'，由钢索带动的4450块反射面板会随着天体的移动而自动调向，足以观测到任意方向的天体，并把30个足球场大的'锅面'收集到的信号聚集在只有药片大小的馈源里。天文学家认为，'FAST'射电望远镜将一改半个多世纪以来全球射电望远镜收集到的太空电磁波信号能量尚翻不动一页纸的局面。我们对中国'天眼'的一系列新发现充满信心。"

探寻
太空里的生命

外星人
是啥模样

　　典典有着一副特别惹人喜爱的洋娃娃面容，无论在幼儿园还是在小学里，和小伙伴们都相处得十分融洽、友好。从小时候起，典典总是喜欢听妈妈讲《绿野仙踪》的故事，故事里的主人公小姑娘多萝茜成了她心目中的英雄、偶像。她希望自己像多萝茜一样做个善良勇敢的人，去战胜像西方女巫那样的坏蛋……童话世界不仅给了典典巨大的正能量，而且也让典典萌发了探寻宇宙中未知生命的兴趣，尤其是对观看外星人科幻电影乐此不疲。

　　2016年寒假，典典从新闻中获知，中国第一部软科幻电影《外星人》在北京正式开机。这部由国际著名导演潘美如执导的新媒体电影，讲述了两万五千年之前的冰河时期，有一批人类被送到外星球，不幸的是这颗星球拥有一种超核能，并由此引发了一场残酷的灭绝战争。面临灭绝的外星人开始逃离外星球，却因超核能的干扰误打误撞地来到了地球……典典不由得浮想联翩，国产科幻电影中的外星人究竟会是什么模样呢。

　　典典带着好奇，找到了刚刚结束国外学者访问任务，在科学研究所从事天文学工作的表舅。

表舅乐呵呵地告诉典典："迄今为止，人类还没有真正找到和发现有生命的外星人，谁也没见到过外星人，至于外星人的长相更是无从谈起。不过，科学家们无论从宇宙学说的推理，还是从宇宙探索中所获得的某些蛛丝马迹，坚信在地球之外浩如烟海的天体上存在着其他生命。'外星人'就是其中最受热捧和关注的一个，也成了科幻影片或小说中当仁不让的主角。看过外星人科幻电影的人们，都会对影片中的外星人留下极其深刻的印象，他们不是被描绘成小小的绿人，就是被塑造成长着许多触手的怪物，这是因为只有这样才能更加贴近观众的心理，以迎合大多数人对外星人与地球人容貌大相径庭的想法。其实，这并无充分的科学理论依据。"

典典迫不及待地问表舅："如此说来，那么科学家们又是如何看待外星人的长相的呢？"

表舅回答说："对于外星人究竟长啥模样这个问题，在科学界也颇有争议，可以说是'仁者见仁，智者见智'，并无一个确切的定论。经过几十年的不断探讨和深入研究，科学界对外星人容貌的猜想，主要有两种截然不同的学说流派：一种以英国皇家天文学家为代表的观点认为，外星人也许并非人们想象中的一个'有机生物体'；另一种以英国剑桥大学进化生物学家为代表的观点认为，外星人也许拥有与地球人类较为相似的外貌。"

　　典典好奇地问表舅："那么，究竟是什么样的科学理论推测，让科学家得出这两种迥然不同的观点呢？"

　　表舅告诉典典："先来说一下外星人可能不是'有机生物体'观点的来龙去脉吧。英国天文物理学家、宇宙学家马丁博士认为，如果有一天人类真的设法探寻到了外星人，这些外星人不会是一个像人类那样的有机生命，而是某一种有智慧的'机器人'，是它们向人类发出了信号。这是因为，生活在遥远的围绕着比太阳更古老恒星旋转外星球上的外星人，人类几乎不可能在他们还是有机生命期间'捕获'到，而经历了以光年计漫长岁月的外星人，极有可能早已度过了极其短暂的有机生命阶段，完成了从有机生命向智慧机器的转变。马丁博士经过科学推算得出，再过一两百年，机器智慧也许会胜过人类智慧，然后在接下来的几百万年进化之中，他们要么与人类并驾齐驱，要么索性将人类取而代之。如果真是这样的话，如今由人类大脑思维方式创造的地球文明，在将来，地球可能由更加强大的机器'大脑'所主宰，不仅如此，这种智慧机器文明，在时间上将统治整个未来世界，在空间上将远远超出地球的范围。马丁博士同时也指出，这种有

智慧的'机器人'并非平时人们所说的智能机器人，其复杂程度将远远超出人们能理解的范围，这是因为有些生命的大脑形式可能不属于人类的认知范围，也许人们可以通过该智慧机器的血统往前追溯到有机外星生命。然而，这些有机外星生命或许仍生活在某些外星球上，或许可能早已消亡殆尽。"

典典瞪大眼睛，吃惊地问表舅："如此说来，那么人类未来究竟会怎么样呢？"

表舅回答说："按照马丁博士的说法，这些智慧机器可能是从有机生命形式演化而来的，而未来的人类同样也有可能实现这种由生物向机器的转变。他还认为，未来人类极有可能面临两种境况：一种是在广袤的银河星系中也许已经充满了高级生命。在未来的某一天，已经演化的人类后代也许能够融入这个'银河系社区'之中，从原本的地球人类文明过渡到另一种智慧机器文明；另一种是在浩如烟海的宇宙里，地球的生物圈也许是独一无二的。人类对外星生命的搜寻终将可能一无所获，换句话说，人类生活的地球或许是宇宙中最重要的'风水宝地'，人类将会随着气候变化、人工智能和基因变异而不断进化，一千年以后的人类也许将是一种'半人类半机器'的人体形式。"

典典接着问表舅："那么，另一派科学家对外星人的外貌又是怎样的看法呢？"

表舅告诉典典："英国剑桥大学进化生物学家莫里斯提出一个被称为'趋同进化'的理论。他认为，如果确实存在外星人的话，那么其外貌很有可能与人类相似。这是因为，人们正在发现越来越多与地球相似的行星，在这些行星上，其表面的液态水体不会冰冻也不会沸腾，那么，就极有可能出现与人类相似的外星智慧生命，况且具备与地球相似环境条件行星的数量十分巨大，所以即便这种可能性低于百分之一，也有充分理由相信外星智慧生命必定存在。莫里斯还举了一个生动的例子加以说明：从5.42亿年前的寒武纪生命大爆发开始，迄今为止，人类的一个重要器官"眼睛"至少已单独进化了50次以上，那么，那些生活在环境与地球相似行星上的外星生命也应有与人类相似的进化路径。在好莱坞电影《星球大战》《星际迷航》中，将那些外星人描绘成和人类相似的外貌，可能并未完全偏离现实。莫里斯还指出，不同的生物体为了解决在特定环境下生存所面临的一些问题，就会独立进化出一些相似的特征，也就是说，生命进化远非一种随机的过程，这种进化的结果至少是可以预测的。因此，可以推断外星人可能拥有四肢、头部和身躯。在任何与地球相似的行星上，都会进化出与地球上鲨鱼或猪笼草等相似的生物。由于没有直接的证据证明外星人确实存在，目前对外星人的外貌特征只是猜测，有待于进一步探索发现。"

寻找外星人

　　暑假的一天，颖蓓在栏目中，观看了一期有关天文新发现的谈话节目。在节目中，北京天文馆馆长朱进老师不仅详细地介绍了美国天文学家新近发现的一颗系外行星，而且还认为外星人是一定存在的！

　　颖蓓迫不及待找到表舅，问："为什么科学家把这颗新发现的系外行星和有没有外星人存在联系起来呢？"

　　表舅告诉颖蓓："这次美国宇航局宣布的这颗围绕恒星开普勒452运行的系外行星非同小可，可以说震惊了整个天文学界乃至全世界。这是因为，它是迄今为止人类发现的最接近地球的'孪生星球'，被天文学家亲昵地叫作地球的'大表哥'。这颗编号为开普勒452b的系外行星其直径约为地球的1.6倍，它与恒星之间的距离接近太阳与地球之间的距离。更令人鼓舞的是，在这颗拥有60亿年历史的系外行星上，可能有活火山、大气层和流动水，它跟拥有46亿年历史的地球的相似度居然高达98%……这一系列的迹象不得不让天文学家浮想联翩，在这颗地球的'孪生星球'上十有八九存在着外星人。"

　　颖蓓好奇地问："如此说来，是不是人类今后还能发现越来越多类似地球的系外行星呢？"

　　表舅回答说："这点是毋庸置疑的，关键是人类发现这种类地系外行星的重要目标之一，就是为了寻找宇宙中的外星人。天文学家认为，在这么多的宇宙星球和天体里面，到目前为止人们只知道仅有地球存在着高等智慧生物，甚至只有地球上存在着生命，这自然是一件匪夷所思的事。按照自然法则，在宇宙某一些行星上应该会有生物存在，甚至会有高等智慧的外星人，也许他们所在的环境与人类的生活环境有一定的差异，也许他们和人类并不处在同一个智慧时代，也许系外行星距离地球实在太远而无法面对面接触。科学家表示，不管怎样，人类都不能停止更不能放弃寻找外星人。"

　　颖蓓接着问表舅："那么，全球天文学界有没有开展新的搜寻外星生命的项目活动呢？"

　　表舅告诉颖蓓："事实上，近百年来，尽管在全球天文学界中存在着激烈的争论，但仍有不少天文学家，至今以来从未停止过搜寻外星生命的科研活动。特别是世界著名的英国天文学家霍金，在2015年7月通过BBC（英国广播公司）新闻媒体向全世界宣告，启动一项历时十年的外星生命搜寻科研活动，将耗费一亿美金采用扫描宇宙的方式进行外星生命搜寻，并誓言一定要弄个水落石出，找到答案。霍金在伦敦皇家科学学会的启动仪式上表示：在无限广袤的宇宙之中，一定存在着其他形式的生命，或许在宇宙某一个地方外星生命正在盯着

人类看呢，不管地外智慧生命到底在哪儿，人们到底什么时候能够揭开谜底，现在该有人挺身而出正式投入进来……霍金的执着追求和理想，最终打动了一位俄罗斯硅谷企业家尤里·米尔纳，他愿意全额出资大力鼎助搜寻外星生命行动。"

颖蓓又问表舅："那么，霍金启动的这项搜寻外星生命活动究竟有什么看点呢？"

表舅回答说："这项命名为'突破聆听'的搜寻外星生命活动，将应用'高、精、尖'的无线电和光学技术，对包括整个银河系及其附近一百个星系太空范围内进行地毯式搜索，整个行动被天文学界称为人类史上旨在发现任何地外生命迹象的最权威、最全面和最深入的科学搜索。据项目科研团队透露，在这次科学搜索行动中将使用多个现今世界上最大的天文射电望远镜，深入遥远的宇宙太空中去'捕捉'全部不为人知的无线电波和激光信号。更让人们眼前一亮的是，该项搜索活动还将与一个命名为'突破信息'的项目合作，'突破信息'是一个国际性的竞赛项目，它的宗旨是要创造出能够代表人类存在的数字信息，以便将这个数字信息发送到宇宙太空，让地外生命能够感知到地球人的召唤。"

颖蓓不由得问："那么，除了天文学界之外，人们又是如何看待这项地外生命搜索活动的呢？"

表舅告诉颖蓓："要说明白这个问题，也许中国科幻作家刘慈欣的看法最具代表性。这位因科幻著作《三体》获得雨果奖的作家，在作客访谈时，谈及了对外星人搜寻的话题。刘慈欣认为，人类探索外星文明的脚步不能停止，但是也应该采取一些应对措施，千万不可主动暴露人类所在的位置。他以《三体》中所描述的情景作了一段别有风趣的注释：'天文学家叶文洁在不经意中向三体外星人暴露了地球的宇宙坐标，正处于困境之中的三体外星人为了抢夺这个能使自身稳定生存的世界，出动了庞大的舰队朝着地球直扑而来。此时此刻，人类才意识到情况危急，原来宇宙文明正处于一个'黑暗森林'的状态，任何暴露自己位置的文明世界都将很快被消灭。于是乎，已觉醒的人类借助这一发现，以向全宇宙公布三体外星人世界的所在位置坐标相威胁，暂时制止了三体外星人对太阳系的入侵攻击……'刘慈欣还指出，尽管这仅仅是一个科幻的推测，但是在广袤宇宙中究竟存在着怎样的文明，人类并不知道。"

颖蓓迫不及待地问："如此说来，那么人们在探寻地外生命时应该怎么做呢？"

表舅回答说："刘慈欣独具一格的观点，一时间引发了人们的热议。绝大多数的人们认为，寻找外星人和地外文明是人类科学研究的一个重要领域，人们不应该因为可能有潜在的危险而阻碍这项研究的发展，实际上科学研究的最大危险，就是自身停滞或放弃了。不过，在整个科学研究过程中把可能出现的最糟情况考虑到，也是符合严谨、负责的科学精神的。对于地外生命探索而言，假如地外社会文明存在的话，它会有多种可能性，最糟的、不好不坏的和最好的，从严谨负责的角度出发，人们应做好最糟情形的打算，不主动暴露人类所在的位置也许是一个稳妥的做法。也就是说，人类在探索地外生命时，只收集或监听地外生命发出的无线电信号，而不主动或盲目向宇宙太空发射会暴露人类自身安全的无线电信号。据悉，刘慈欣还向全世界呼吁，希望从联合国到各个国家制订相关探索策略，甚至是法律，以保障人类文明的安全。孰是孰非，世人将拭目以待。"

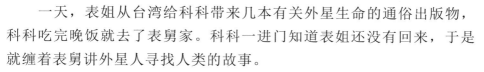

外星人
也在寻找人类吗

　　一天，表姐从台湾给科科带来几本有关外星生命的通俗出版物，科科吃完晚饭就去了表舅家。科科一进门知道表姐还没有回来，于是就缠着表舅讲外星人寻找人类的故事。

　　表舅一听，哈哈大笑地说："是不是上次提到过的，曾有科学家推断外星人会来寻找人类的设想？"

　　科科连忙点点头说："是的，科学家究竟是如何设想的呢？"

　　表舅告诉科科："美国科学家娜塔莉·加布罗尔博士在接受英国《每日邮报》采访时表示，尽管在过去的100年中，人们在宇宙探测技术领域取得了巨大的进步，然而人们还未真正找到地外智慧生命，究其原因只能归结于人类的探测技术还未达到足够的水准。因此，人们不得不进行反思，更不能局限在自己的一隅之地窥视宇宙，以自己行事的方式来思考问题，而不去思索地外智慧生命思考问题的方式。从人类目前在光学以及射电波段所捕捉到的可疑外星信号来看，有理由推断地外智慧生命也在寻找人类，只是目前人们对此一无所知、毫无察觉罢了。这是因为，人们或许觉得自己的技术已经相当先进，但事实上人类还只是处于'青少年'水平的文明时代，人们正在摆弄着像玩具一样的仪器，尽管已经掌握了一些技术，但人们还未真正完全理解其中的奥秘和规律。"

科科迫不及待地问表舅："那么，加布罗尔博士又是依据什么得出这个设想的呢？"

表舅回答说："加布罗尔博士是美国'探测外星智慧生命'民间组织的成员，在长期关注宇宙探测信号领域中积累了丰富的经验。她告诉人们，迄今为止，科学家们不止一次地接收过来自太阳系之外的一系列神秘信号，科学家把这些信号命名为'快速射电暴'。在2015年开展的'快速射电暴'的研究中，科学家惊奇地发现所有此类信号之间竟然都是187.5的倍数，这一结果表明'快速射电暴'信号都是来自于数十亿光年之外的外星，而且与地球之间的距离是有规律的。德国数据分析研究所的一名科研人员指出，如此有规律性的'快速射电暴'信号不太可能是宇宙自行产生的，这意味着可能是一种非人类所知的物理学，如果人们能够进一步排除所有的可能性，那么剩下的唯一结果就是地外的智慧生命所为。"

科科接着问表舅："那么，地外智慧生命发射这种'快速射电暴'信号的举动，是不是与人类向宇宙外太空发送无线电信号如出一辙呢？"

表舅告诉科科："加布罗尔博士认为，在目前这个阶段，人类还无法通过有效的技术手段来判断地外智慧生命发射'快速射电暴'信号的真实意图，只能依靠人类自身的想象力来猜测地外智慧生命可能会做哪些事，而人类向宇宙外太空发送无线电信号当然是为了搜寻地外智慧生命。不过，人类寄望于地外智慧生命正在做着与地球人同样的事情，果真这样的话，总有一天地外智慧生命会通过这种神秘的信号找到人类。但是，也不排斥地外智慧生命采用其他的方式，或许地外智慧生命会向太空发射飞船或是机器人，直接到达地球，与人类来个零距离亲密接触。"

科科又问表舅："果真像加布罗尔博士所说的话，那么地外智慧生命又为何要来寻找地球人呢？"

表舅回答说："当人们提出这个问题时，加布罗尔博士指出，如今人类除了射电天文学以及光学天文学领域研究之外，更应该勇于开拓一个全新的研究领域，那就是智慧生命所在星球的环境变化究竟会产生何种影响，或许人们可能借此发现地外智慧生命存在的线索。事实上，人类与人类生存的环境之间并非处于一个和谐

的均衡状态，而造成这种严重后果的真正元凶就是地球气候的变化，进而促使人类设想寻找其他适合人类居住的星球。正因为这样，人类就产生了要与地外智慧生命建立某种直接联系的举动，让人们自然而然地联想到，地外智慧生命或许也会经历类似的环境失衡，正如当前人类文明正在经历的生活环境失衡那样。由此推断，如果地外智慧生命也处于这样一个阶段，他们发射'快速射电暴'信号来寻找地球人也就不奇怪了，因为通过无线电信号可以对星球的大气成分进行详细的分析，从而判断这颗星球是否存在智慧生命。当然，这也只不过是其中的一个例子而已。"

科科迫不及待地问表舅："如此说来，那么人类在地外智慧生命面前暴露了吗？"

表舅告诉科科："加布罗尔博士认为，目前人类已经在地外智慧生命面前暴露了，她的这个看法与前美国宇航员约翰·格朗斯菲尔德的观点不谋而合。2015年，格朗斯菲尔德告诉新闻媒体记者，假如外星人真的存在，那么，他们应该已经知道了地球人类的存在，这是因为这种遥遥领先于人类的外星技术文明，哪怕是在相隔极其遥远的距离上，也能够通过人类对地球环境产生的影响来推知我们的存在。"

颖蓓不由得再问表舅："那么，人类下一步该有什么行动呢？"

表舅回答说："2015年6月，在美国芝加哥召开的天体生物学科学会议上，科学家们对大型天文望远镜技术寄予厚望，借鉴地外智慧生命的技术文明，或许能为人类尽快发现外星人找到一条有效的捷径，这是因为既然人类的活动会在地球大气层中留下痕迹，存在地外智慧生命的星球同样也会留下他们的蛛丝马迹。据悉，美国宇航局正在研制下一代的大型空间望远镜，这种空间望远镜具备超强的观测能力，预计在2018年发射升空。届时，人类将首次拥有对遥远的太阳系之外行星大气层的探测能力，这也许会给人们带来非凡的惊喜。"

为何人类
未能发现地外生命

2016年寒假，表舅带着星星去听了一场报告会，主讲人生动有趣的讲述深深地吸引了星星。在表舅送她回家的路上，星星脑海里还回荡着主讲人的一席话语："早在2500年前，一名古希腊哲学家在给朋友的信中曾写过这样一段文字：'虽没有任何理由，但我相信，在宇宙中有无数个世界存在着生命。'而现代科学家更是一针见血地指出，在浩如烟海的宇宙中，银河系仅是无数个星系中的一员，而一个银河系就总共有一千亿颗恒星，每颗恒星就是类似太阳这样的东西，它们都有类似地球一样的行星，外星人存在的原因就这么简单，只是目前人类还没有发现而已。"

晚饭后，星星忍不住问表舅："既然很早以前人类就坚信一定有外星人存在，那么，为什么人们至今也难以与外星人相见呢？"

表舅笑着回答："天文学家曾经算过这样一笔账：可能有智慧生命的星球至少距离地球100光年，如果人类要去拜访外星人，按目前人类最先进的飞行器每秒钟飞行10千米计算，那么，到达这个星球可能要花上几十万年的时间。与此同时，人们还得考虑，在这么长的旅途中，人的生命如何来维持，又如何来抵御强烈宇宙射线的伤害等各

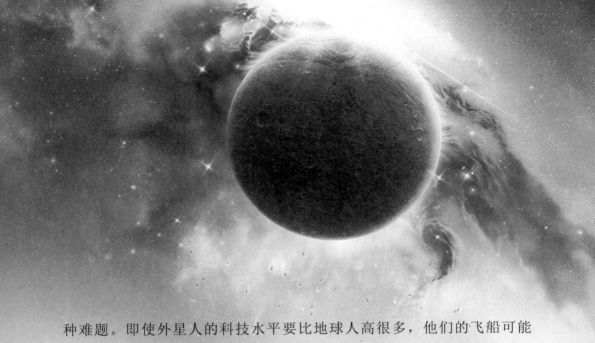

种难题。即使外星人的科技水平要比地球人高很多，他们的飞船可能
比我们的飞船快一万倍，但也得要花费数百年的时间，可见外星人造
访地球是一件困难的事。因此，人们寄希望于向外星人发送数学语言
信号的方式，期待能联系上外星人。"

星星接着问表舅："上次你不是说过，人类用脉冲信号与外星人
对话，迄今为止人类仍未收到过外星人的回复吗？那么，人类为什么
发现不了外星生命呢？"

表舅告诉星星："2015年9月，美国宇航局发布了一张芬兰拉普
兰地区被大批风雪覆盖的照片。在这张照片里，一切生命迹象都已经
被冰雪抹去。这样的场景让科学家联想到，在数百万年之前的地球冰
期里，被冰雪覆盖的地球看不到一丝一毫的生命迹象，这也许就是此
前地球上最典型的景象。科学家之所以如此联想，其中深远的奥妙是
它或许能够告诉人们，为什么迄今为止人类还没有发现外星生命的真
正原因。这是因为，从曾被冰雪长期覆盖过的地球可以了解到，在地
球90%的历史长河里，它并非始终是一个宜居的星球。在冰期里，整
个地球不管是海洋还是陆地，都被接近100千米厚厚的冰雪所覆盖，
并且这并非外部宇宙所造成的，而是地球自身拥有漫长冰期的结果。
为此，科学家大胆推断，或许正是由于这样的原因，在银河系乃至整
个宇宙，其他与地球相似的行星也变得几乎毫无生命迹象，这让人类
一时难以发现外星人或其他生命的踪影。"

星星又问表舅："如此说来，面对这样的情况人们该不该感到绝望呢？"

　　表舅笑着告诉星星："绝大多数天文学家的回答是否定的，因为迄今为止他们已经发现了数以百计与地球相似，且围绕一颗与太阳相似恒星运行的系外行星。目前人类还尚未发现在地球之外的任何生命形式，正因为如此，人们才更应抓紧这个时机对宇宙开展生命追踪的行动，以彻底弄明白宇宙中包括人类在内的生命究竟是怎么一回事，宇宙生命形成的奥秘又是什么。"

　　星星好奇地问表舅："那么，难道就没有一个科学家对此观点提出异议吗？"

　　表舅回答说："那当然有。历史证明，任何一项科学研究，都会经历艰难和曲折，甚至是失败。早在60多年前，当众多天文学家们津津乐道地谈论地外宇宙生命时，一位著名美籍意大利核物理学家恩里克·费米，发表了一个被学术界称为'费米悖论'的观点。在这个观点中他指出：'既然人们都认为宇宙中充满了生命，那么它们又在哪儿呢？显然是整个宇宙太安静了，安静到除了地球之外让人们看不到任何的生命存在，或许人们的确不应对此感到奇怪，因为宇宙中的生命或许原本就是极为罕见的。'这个观点后来被人们称为'大寂静理论'。只不过在当时，还没有人了解地球曾经出现过'冰雪纪元'这样的历史。所以，从今天的眼光来看宇宙生命这个问题，只能说迄今为止在人们已经发现的所有类似地球行星上没有发现其他生命体，但不等于说在地球之外的宇宙中不存在任何形式的生命。"

表舅接着说："最近，美国宇航局的太空探测器在火星上发现了水的存在，其50%的北半球曾经都是海洋，而且水的存在时间居然长达12亿年，科学家推断在如此长的时间内肯定会衍生出复杂生物。最近，科学家利用哈勃望远镜在对木星进行观测时，发现'木卫三'星体次表面的冰层中蕴藏有盐水，而'木卫二'星体不仅在其表层下方存在着海洋，而且还拥有含丰富矿物质的岩石，这都意味着在地外星系之中，确实存在生命所需的3种元素。"

星星迫不及待地问表舅："既然如此，那么什么时候才有可能找到地外宇宙中的其他生命呢？"

表舅告诉星星："科学家对发现地外生命充满期待，认为找到外星人只不过是一个时间问题，而且他们知道去哪儿寻找，怎样寻找。目前最大的障碍就是技术问题。不过美国宇航局的科学家表示，克服这个技术障碍并非一件遥遥无期的事，他们相信通过一系列的太空探测，人们会在未来20年到30年之内找到外星生命存在的证据。为此，

美国宇航局计划于2020年发射一个新的火星探测器，并让宇航员在2022年登上'木卫二'，在2030年登上火星，以便寻找外星生命存在的证据。与此同时，美国宇航局科学家还推断，人类越来越频繁的探测活动对大气层产生了巨大影响，这也许会让20光年以外的外星生命用大型望远镜发现人类的存在，他们势必会设法找到生活在地球上的人类，那时候人们就能与外星人相见。"

为什么外星人
不给地球人回信

2016年2月11日，美国"激光干涉引力波天文台"（LIGO）宣布，已经探测到宇宙引力波的存在。一时间，这个被科学家预言已经百年的引力波，让全世界的物理学界都沸腾了，仿佛迎来了"财神"。相比之下，同样是被科学家苦苦追寻了50多年的"搜寻地外智慧"（SETI）的行动。在1977年，曾由一台巨耳无线电望远镜收到过一个长达72秒的"哇（Wow）"信号，这也是迄今为止人类所获得的最接近来自外星文明的信号，曾让科学家们倍感失望。

雷雷不由得想：同样是难度极大的宇宙探测，人类究竟给外星人发送了哪些信息，为什么没能像探索引力波那样有所收获呢？他把心中的这个疑惑告诉了舅舅。

舅舅听后，对雷雷把探索引力波与外星人联系起来大加赞赏，并告诉他："1960年，由美国康纳尔大学天文学教授弗兰克·德雷克启动的'搜寻地外智慧'（SETI）项目，天文学家试图通过无线电与外星人取得联络，并对发给外星人无线电信号的内容和形式进行了精心设计。就发送内容而言，设计有记载人类、地球及自然界最基本、最具代表性的文字、图片和声音等。例如，1974年发给外星人的第一条

信息是一个长度只有1679位的数字，它是素数23和73相乘的结果；又如，2008年人们通过北极圈雷达站向太空广播6个小时的'多力多滋'食品广告；再如，2009年艺术家乔·戴维斯将一种植物酶的遗传代码发送到太空。就发送形式而言，有的是把这些信息变成无线电信号直接向太空发射，有的是把刻有这些信息的金属名片或磁盘搭载在太空探测器上，希望它们像漂流瓶一样被外星人拾获，然后与地球人取得联络。然而50多年过去了，人们借助无线电望远镜得到的仅仅是一些毫无特点的无线电噪声。"

雷雷不解地问舅舅："那么，外星人究竟有没有读懂人类发给他们的信息呢？"

舅舅回答说："这也是一个长期倍受科学家质疑的问题，他们提出了各自的观点。美国印第安纳大学一名符号学者认为：所有的自然语言，所有的人类交流系统，都会随着时间而变化，一万年以后的

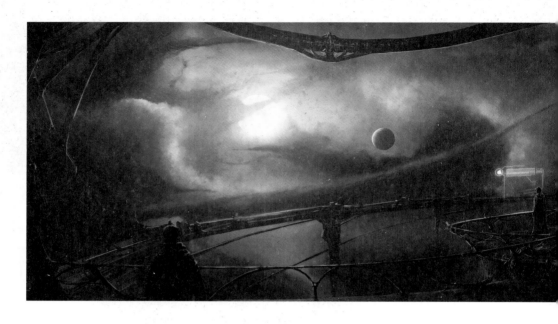

人就不可能会理解今天人们留下的警示。所以，即使这些信息最终被外星人拾获，也会因时间上的巨大差异而无法读懂它们，就像现在人们很难读懂几千年前的甲骨文一样。也有的科学家认为：无论人们如何精心地设计信息，它们都有可能被外星人误读。例如天文学家弗兰克·德瑞克曾经设计过一条二维的图案信息，信息中包含了人类的形象、碳原子和氧原子的形象，在他看来一切都很清楚。然而，一名人工智能专家却指出，如果外星人以另一种不同的方式来解读这条图案信息，就会得到完全不同的答案，图案中的碳原子和氧原子有可能被看作一种长着六条腿的生物，而长着腿的人类图案则可能会被看成一颗人造卫星。

　　"有的科学家指出，这种无线电信息在无边星际的传输过程中，人们无法保证外星人收到的是完整的信息，它们收到的信息中也许会包含宇宙噪声，也许会丢失某些重要信息，也许会受到其他电磁波的干扰，这一切都有可能成为外星人误读信息的因素。有的科学家甚至认为，假如外星人是一个高度发达的文明物种，当它们看到这些人类信息时，也许会认为太低级而不屑一顾，这就像人类见到蚂蚁一样漫

不经心。更何况，外星人与地球人之间相隔着遥远漫长的星际宇宙之路，即使是信息以光速飞向25000光年以外的一个星球，假如那里有外星人收到地球人的信号，然后再给地球人做出答复的话，地球人也要过5万年以后才能收到。"

雷雷不甘心地又问舅舅："如此说来，是不是意味着科学家们准备放弃'搜寻地外智慧'的行动？"

舅舅笑着告诉雷雷："50多年来，在位于美国加利福尼亚州芒廷维尤市郊区的SETI协会所在地，一幢光洁透明的玻璃建筑，一个巨大的天线，陪伴着一群世界上最多的地外智慧搜索科研人员。他们时时刻刻倾听着来自太空深处的信号，尽管等来的只是一片空寂无声，但他们不仅没有一丝一毫的气馁，反而认为现在的成功机会比过去更大了。正如研究中心主任塔特尔所说：'如今的宇宙探测技术和手段日新月异，极大地加速了地外智慧的研究进展，特别是最新的类地行星探测成果显示，生命可在比人们过去所设想更为极端的环境中生存。更何况任何一项意义非凡的研究，都要付出不同寻常的努力，就像要证明大海中有没有鱼，仅用一个玻璃杯放到水里捞一把，如果杯子

拿上来是空的，难道就能说海里没有鱼吗？'事实上，SETI研究者们的追寻得到了印证，如今人们已经发现了超过450颗此类有潜在生命的外行星，这更让他们的信心爆棚。从2008年开始，连业余天文爱好者也开始大批加入地外智慧探测行动，期待着让全人类大喜过望的那一天。"

雷雷接着问舅舅："那么，科学家们有没有搜寻地外智慧更先进的方法和利器？"

舅舅回答说："如今，数字式电子设备的技术性能呈指数式上升，而激光通信的出现更是让搜寻地外智慧如虎添翼。一位SETI团队的科学家指出，目前一个千兆瓦级激光装置的十亿分之一秒脉冲输出，通过天文望远镜发射，其信号要比一颗行星发出的光线强一千倍，这就意味着人类可在有限时间内，去探寻距离更远、数量更多的星星。一旦外星人发射激光信号，人类就能用光电管接收到。他还做了一个十分风趣的比喻：假若把时光穿越到1492年，你会劝说美洲新大陆发现者意大利航海家哥伦布不要自找麻烦吗？只要他等上500年，就能在6小时内横渡大西洋，不用在海上艰苦航行70多个昼夜。现在，SETI项目组搜寻的方法早已升级为更大、更好、更快、更智能的版本，这是一个全新射电望远镜阵列，由44个低频无线电接收站组成，并能实现数据上网共享，足以与世界上最强大的宇宙探测器相媲美。与此同时，一个类似的方案也已在加利福尼亚州哈特克里克高原上运作，它是一个由42个天线组成的艾伦望远镜阵列，最近天线数量将会增加到350个。令人鼓舞的是，2015年6月科学家已经通过直径为305米的阿雷西博射电望远镜，接收到了疑似遥远外星的快速射电暴信号，这与2007年、2012年接收到的信号特征相吻合，让科学家看到了希望。"

载人航天工程

"天宫二号"
接力载人航天梦想

冰哲从小就喜欢听外婆讲故事，特别是各种各样的神话故事。他还会经常问外婆，嫦娥和玉兔住在月亮广寒宫里吃不吃东西？平日阻隔牛郎和织女见面的银河，为什么能像其他星星一样挂在高空不掉下来呢？玉皇大帝、王母娘娘住的天宫，究竟在哪个星球上啊？直到上学后有一次参观天文台之后，才知道地球之外的宇宙是多么的广袤无垠，每一颗星星都蒙上了一层神秘的色彩。从那以后，冰哲成了一名不折不扣的小太空迷，在少年科技站太空爱好小组里，经常能见到他那忙碌的身影。

2013年6月20日上午，早早来到电化教室的冰哲，无比兴奋激动地等待着航天员王亚平大姐姐在"天宫一号"上太空授课，在整整50多分钟的时间里，冰哲的双眼始终直勾勾地盯在直播的画面上，聚精会神地听讲，生怕漏掉一个字。"在失重环境下，航天员想要知道自己是胖了还是瘦了，该怎么办呢？就使用利用牛顿第二运动定律原理制造的'质量测量仪'，拉一下支架，一放手，体重就测出来了。一颗用细绳拴在T形单摆支架上的小钢球，居然不会像地面上那样来回摆动，而是停在了半空中。当用手指沿切线方向轻推小钢球时，它却

顽皮地做起了圆周运动……"在太空中，连力学的常识也变得如此扑朔迷离，更不用说"天宫一号"空间站里藏有多少的秘密了。

不久前，冰哲在网络新闻中获悉，2016年我国已发射了"天宫二号"空间实验室和"神舟十一号"飞船，他兴奋得好几个晚上都没睡好觉，还梦见自己在"天宫二号"上像杨利伟叔叔一样飘来飘去的。

在一次太空爱好小组活动时，冰哲终于忍不住向老师打听有关"天宫二号"的情况。

老师告诉冰哲："自从20世纪90年代国家制定航天工程'三部曲'以来，2011年9月29日"天宫一号"目标飞行器的成功发射，标志着我国载人航天跨入了第二个阶段，正式拉开了建造空间站的序幕。继"天宫一号"之后，科学家们夜以继日开展了一系列科学实验和研制工作，'天宫二号'空间实验室、'神舟十一号'飞船、'长征2F遥Ⅱ'火箭、'天舟一号'货运飞船和'长征七号'运载火箭等已完成发射任务。这意味着到2022年全面运行空间站的第三步进入了收官阶段。"

冰哲好奇地问老师："那么，'天宫二号'与'天宫一号'有哪些不同的地方啊？"

老师回答说："实际上，'天宫二号'与'天宫一号'从性质上来看，它们都是属于空间实验室，还不是真正意义上的永久性空间站。从外观上来看，它们的大小和重量也基本相同，都是一个长10.4米，最粗为3.35米的锥柱体，重量在8.5吨左右。从执行任务来看，'天宫二号'也是'天宫一号'任务的延续。但是，专家们指出，'天宫二号'仍然有许多技术上的看点：第一，'天宫二号'的基本建造框架将进一步证明我国已掌握了长期在轨自动运行、短期有人照料空间飞行器所需的全部技术；第二，'天宫二号'将执行与'神舟十一号'载人飞船和'天舟一号'货运飞船的对接任务，这将是我国第一次实现空间实验室与货运飞船的对接，它也是关系到今后建立永久性空间站终极目标的成败之举，这是因为保持一个永久空间站正常运行，除了能与载人飞船对接之外，还要与为永久空间站提供物资补给的货运飞船对接；第三，'天宫二号'还将开展'天宫一号'尚未进行过的一系列科研活动。例如，航天员长期居住空间站的再生生命保障技术实验、太空空间的伽马射线探测和研究、对宇宙中天体进行研究等。为了满足这些任务要求，科学家们在'天宫一号'的基础上，对'天宫二号'进行了诸多的技术改造。"

冰哲接着问老师："那么，'天舟一号'货运飞船究竟是什么样的啊？"

老师告诉冰哲："'天舟一号'货运飞船是在'神舟飞船'和'天宫一号'基础上，我国又一个自主研发的新型航天器。虽然它的外形与'天宫一号'较为相像，但是功能却大不相同，它是一种天地之间运货的专用工具。'天舟一号'由一个大直径货物舱和一个小直径推进舱两大部分组成，自身重量达到13吨左右，在推进舱的两侧各有一个太阳能帆板，用来提供电力。换句话说，'天舟一号'只运货不运人，在货物舱里可装载6.5吨货物，货物中包括有空间站需要补充的推进剂、空气、更新设备和维修材料，以及航天员的饮料、食物和生活用品等。当航天员取出补给货物之后，可将空间站内长期积累的废弃物品搬到货物舱内，并关闭气闸让'天舟一号'货运飞船脱离'天宫二号'，'天舟一号'返回地球时，连同废弃物一起在大气层中烧毁。专家告诉人们，'天舟一号'货运飞船已达到国际先进水

平，其能装载的货物重量已超过俄罗斯'进步'号货运飞船装载货物重量的3倍，这是一个相当可观的数字。"

冰哲又问老师："那么，如何才能实现2022年全面运行国家空间站的目标呢？"

老师回答说："有了神舟载人飞船和天舟货运飞船这两大往返天地间的利器后，空间站的建设就进入了快车道。实际上，'天宫二号'空间实验室和国家空间站这两者之间既有联系又有很大的区别。'天宫二号'的寿命一般不超过5年，而国家空间站拥有10年以上的寿命，甚至更长。'天宫二号'规模较小，与飞船的对接口较少，缺乏扩展能力，而国家空间站规模较大，它由1个核心舱和5个实验舱组成，重量高达90吨以上，可对接一艘货运飞船和两艘载人飞船。'天宫二号'航天员人数有限，工作时间短暂，而国家空间站航天员人数可达6名，可连续数百天长时间工作。更为重要的是，目前科学家正在研发用于发射国家空间站所需的运载火箭，这种被命名为'长征5'系列的运载火箭，其起飞重量高达800多吨，能将20吨以上的空间站舱段发送到340至450千米的地球轨道上。"

老师继续说："据有关部门透露，继2016年发射'天宫二号'之后，预计在2018年前后发射1个核心舱段，然后在之后4年中，陆续发射其他各个实验舱段，并在轨道上完成与核心舱段的对接组装，最终在2022年全面建成和运行国家空间站。到目前为止，在轨运行的永久性空间站只有1个国际空间站。因此，一旦我国的国家空间站顺利建成，将成为地球轨道上运行的第二个长期有人照料的空间站，这也意味着国人百年载人航天梦终将实现。"

人类移民火星
怎么生活

　　一天，西西在浏览网页时，无意中发现荷兰一家私人公司公布的一则通告，这个看上去有些离奇的'管去不管回'火星单程旅行的消息，似乎并非空穴来风，这家名叫'火星一号'的公司公布的通告上，明明白白地刊登了真名实姓100位候选人的名单。西西不免感到疑惑，如果这一切都像这家公司所设想的那样顺利，一旦这批候选人成功登上火星之后，那么，他们在火星上究竟如何生活啊？

　　带着满肚子的疑惑，西西去少年科技站找指导老师询问。

　　老师告诉西西："预言学家认为，再过二三十年，人们离开地球去太空旅游，甚至在外星球上小住休憩，将成为深受追捧的时尚之举，就像如今人们满世界到处旅游和探险一样。因此，一些有远见的公司纷纷打出'太空旅游'的广告宣传，为抢夺未来市场做好准备也就在情理之中了。实际上，在宇航界的不少科学家及其研究团队，更是早已为人们登陆火星的衣食住行未雨绸缪了，他们除了为人们在地球与火星之间往返准备了交通工具和特殊服装，还精心地设计了一系列居住和饮食的方案。"

　　西西迫不及待地问老师："火星上气温那么低，又没有像地球上那样的房子，人们登陆火星后住在哪里啊？"

老师乐呵呵地回答："人们在火星上当然要有房子住才行，但是火星离地球2.25亿千米远，当然不可能把造房子用的建筑材料从地球上搬去。然而，科学家已经想出了一个奇妙的办法，那就是把一台功能强大的高精尖'微重力3D打印机'搬到火星上去，用火星表面的沙子、土壤和尘埃打印出一块块砖头、一堵堵形状各异的墙面和屋顶，一袋袋特殊黏合剂……建造一种密闭性能好、能防辐射的房屋，供地球上的来客居住。"

西西接着问老师："那么，这种超级3D打印机肯定与众不同吧？"

老师告诉西西："美国国家航空航天局旗下的马歇尔太空飞行中心科研团队，目前正在加紧开发研制这种太空3D打印机。它不仅能够打印出塑料、合金、复合陶瓷以及混合固化剂，还能够在只有一张纸片那样薄的基板上聚集各种各样的复杂器件。科学家初步设想，先将这种太空3D打印机应用于失重环境下，打印宇航员们所需要的各种工具或维修用的零部件。这是因为在通常情况下，宇航员至少需要等上一年或者更长时间才能收到从地面送来的新工具及零部件。2015年底，美国国家航空航天局的宇航员巴里·威尔莫在国际空间站里已经

利用这种太空3D打印机，成功地打印出了一个棘轮扳手，这也是人类在太空轨道失重环境下打印出来的第一个工具。"

老师继续说："科学家向媒体记者描述了这个打印的全过程。首先，由科研团队的一位工程师在地面上设计这个棘轮扳手的结构样式。然后，再将棘轮扳手的设计图纸转化为计算机的程序代码，并通过电子邮件的方式传送给国际空间站里的宇航员巴里·威尔莫。最后，由宇航员巴里·威尔莫使用试验版的太空3D打印机。在这个被称为'微重力'的3D打印机里，含有一种名为'表层土壤'的火山灰粉末材料和特殊胶水，整个打印过程一共耗时3个小时，每层厚度只有7毫米复合而成的棘轮扳手便大功告成了。接下来，威尔莫又如法炮制，先后打印出了25个维修用的零部件，并在日后通过太空货运飞船把它们送抵地面，由美国国家航空航天局的工程师对这些零部件进行质量检测。科学家宣称，空间站使用太空3D打印机仅仅是第一步，这为人类在火星上建造房屋开了一个头，可以相信，在零重力下打印出1.5吨的砖块，甚至打印出地球上造不出来的东西，并非

天方夜谭。"

西西忍不住问老师:"那么,人们在火星上的一日三餐怎么办?能够吃到什么食物啊?"

老师回答说:"科学家设想,如果宇航员尝试飞抵火星,他们可以在长时间的太空环境中,吃上由3D食物打印机系统生产的比萨。如果是登陆到达火星的旅游者或居民,他们可以享用专门订制的美味食物。据美国国家航空航天局披露,已有两名太空大厨为解决火星上的饮食问题开展了科研活动,其目的是想方设法找到能够在火星土壤中生长,或者比较容易在火星上储存的一些食物。如今,这两名太空大厨已公布了一份'火星菜单',在菜单里有海藻、马齿苋和蒲公英等能够像杂草那样旺盛繁殖的植物,以及麦片和葡萄干等经过脱水处理或耐储存的食物。如果你觉得这些食物并不怎么好吃,那么,你可以用一些起司粉或香辛料来增加食物的味道。它们还能让你在空气稀薄的太空环境中保持鼻腔通畅。"

"除此之外,太空大厨通过对比火星上与地球上的条件,了解在火星获得食物及保存食物的技术要求,以帮助寻找一种在火星上以有限资源制作美味食物的科学方法,并尽可能充分利用火星空间发展可

持续的农业生产。一旦研究获得成功，那么，未来火星上的旅游者及居民就可以吃得很舒服。你可以设想一下，生活在荒芜的火星上，居然可以品尝到香辣爽口的埃塞俄比亚小扁豆，那该是多么惬意的事情啊！即使你可能吃不到松软可口的面包，然而火星烹饪的新菜式还是十分诱人的。更何况，随着生物科技突飞猛进的发展，说不定哪一天，能让火星像地球一样长出各种各样绿油油的瓜果、蔬菜，饲养鱼、虾、鸡、鸭，登陆火星的人们享用自己喜欢的美味大餐。"老师最后如是说。

神舟飞船
究竟"神"在哪里

在2016年的一次讲座活动中，少年科技站太空爱好小组的指导老师告诉大家：中国载人航天工程注定谱写一个特别不平凡的历史篇章，那就是在浩瀚无际的太空里，迎来了众多重量级的中国"客人"。"长征七号"运载火箭、"天宫二号"空间实验室和"神舟十一号"载人飞船等"中国星"兄弟姐妹呼之欲出，创造一年发射20次以上的世界新纪录。

荣荣听后，无比兴奋地问老师："那么，除了发射'天宫二号'空间实验室之外，'神舟十一号'飞船的发射有没有新的闪光点呢？"

老师告诉荣荣："2016年我国实现了'神舟十一号'飞船运载两名宇航员上天，并完成与'天宫二号'空间实验室对接的任务。尽管'神舟九号'和'神舟十号'载人飞船实现了与'天宫一号'空间实验室的二次对接任务。然而，2016年发射的'神舟十一号'载人飞船与'神舟九号'和'神舟十号'飞船相比较，其技术更加成熟、适应性更强、国产化程度更高，翻开了中国载人航天的新篇章。如此高密度的发射节奏，在中国载人航天工程的实施过程中尚属首次，而且'神舟十一号'飞船把两名宇航员送到'天宫二号'空间实验室，进行较长时间的生活和工作，进一步验证了航天员在地球轨道实验室里的驻留能力，为2022年建成世界唯一在轨的中国载人空间站打下了坚实基础。"

荣荣接着问老师："那么，神舟飞船系列中载人和不载人的飞船有什么不同啊？"

老师回答说："神舟飞船是我国为实现载人航天计划而研制的宇宙飞船系列，是目前全球正在运行的空间最大的载人飞船。它由推进舱、返回舱、轨道舱和附加段4个部分组成，总长约9米，总重约8吨。从1999年11月20日成功发射'神舟一号'飞船以来，经过了'神舟一号''神舟二号'两次无人飞行试验、'神舟三号''神舟四号''神舟八号'3次搭载模拟人试飞以及5次载人成功飞行。特别是2003年10月15日'神舟五号'飞船首次完成了载人飞行。瞬间，'杨利伟'成为家喻户晓的名字，成为'吃螃蟹'的第一人，载入我国航天史册。不难看出，从'神舟一号'到'神舟十号'，神舟飞船经过了'无人—模拟人—载人—模拟人—载人'几个飞行试验阶段，其主要目的是为了逐步验证、改进和完善神舟飞船的各项技术性能，做到万无一失。因此，对于不载人、载模拟人和载人的神舟飞船而言，它们的结构设施以及所具备的飞行技术、搭载设备物品和试验项目均有所不同。例如，'神舟一号'首次采用了在工厂里进行飞船与发射火箭垂直总装测试、整体垂直运输和远距离发射控制的新模式，搭载了国旗、纪念品、农作物种子和中草药等物品。又如，2002年3月25日发射的载模拟人'神舟三号'，载有人体代谢模拟装置、拟人生理信号设备以及形体假人，可定量模拟航天员在太空中的各种活动状态，还试验了逃逸救生功能，使它的技术状态与载人飞船完全一致。再如，2013年6月11日发射的'神舟十号'，圆满完成'起飞—箭船分离—进入预定轨道—绕飞调姿—交会对接'等一系列动作，这意味着

　　我国已经完成了从试验到实际拥有一个往返于天地间运输系统的过程，中国人走向太空、利用太空和享受太空已不再是一个梦想。"

　　荣荣又问老师："在高空轨道中，神舟飞船和天宫空间站两个各自独立的航天器是依靠什么技术来完成对接的呢？"

　　老师告诉荣荣："航天器的交会对接技术，是指两个航天器（如宇宙飞船、航天飞机、空间站等）在太空轨道上会合，并完成两个独立个体连成一个整体的技术，因此，它是一个高级、精密和可靠的控制系统。通常，交会对接技术分为人工控制和自动控制两大类，包括4种不同的类型。第一种是手动操作方式。即在地面测控站的指导下，航天员在太空轨道上通过对航天器的姿态和轨道进行追踪观察和判断，然后动手进行对接操作；第二种是遥控操作方式。其追踪航天器的控制不依靠航天员，全部由地面站通过遥测和遥控来实现，此时需要在全球范围内设置地面站或者通过中继通信卫星进行协助；第三种是自动控制方式。即不依靠航天员，通过船载设备和地面站相结合的方式来实现交会对接，此时也需要在全球范围设置地面站或者通过中继通信卫星进行协助；第四种是自主控制方式。即不依靠航天员与地面站，完全由船载设备自主实现交会对接。"

荣荣好奇地问老师："那么，神舟飞船与天宫空间站之间的载人交会对接有哪些技术难点呢？"

老师告诉荣荣："以'神舟十号'载人飞船与'天宫一号'空间实验室交会对接为例，'神舟十号'载人飞船在近地点200千米、远地点329.8千米的轨道上运行，其每秒钟可飞行7.9千米。也就是说，它每小时能飞行2.8万千米，相当于绕地球三分之二圈。为此，'神舟十号'飞船要比'神舟九号'飞船承担更多更强的技术要求，其中，围绕"天宫一号"空间站进行绕飞就是一个技术难点，这是因为空间站上可能会有多个对接口，飞船要从多个方向与它实现对接，所以这就需要飞船具有绕飞对接功能。专家指出，航天器交会对接，比好莱坞惊险大片中奔跑者抓住飞驰的列车登车要难得多，犹如一曲浪漫美妙的太空之舞，单从'神舟十号'飞船的外形也能看出其中的难点端倪。不仅飞船的外部结构非常复杂，而且其表面也并非圆滑平整，有的地方凹进去，有的设备凸出来，对接时必须做到丝毫不差，稍有误差便会发生擦碰或机毁人亡的致命事故。所以，就连飞船外部用来'热控'的多层保护套也大有讲究，这件被称为飞船'外衣'的保护套并非像做个电视机罩那样简单，它好比是一件百家衣，画样、裁剪、粘贴、缝合缺一不可，科技人员花费3年多的时间才拼装完成。"

未来人类
会住在火星上吗

　　寒假里，金金和太空爱好小组的伙伴们一起，在影院里观看了一部太空科幻大片。在影片里，宇航员与队友刚着陆火星不久，就遇到了一场特大的沙尘暴，宇航员不幸被风暴卷起的天线击中受伤昏迷，与他的队员失去了联系。当所有人都认为他在这次火星任务中丧生时，他却幸运地活了下来，然而他发现自己孤单地置身于火星，面对维持生命的困境，宇航员努力地向地球发出"我还活着"的求救信号……

　　在回家的路上，金金和伙伴们七嘴八舌地议论开了。火星上真的也有沙尘暴吗？2012年登陆火星的"好奇号"探测器是不是也会遭遇类似这样的险情？今后人类会不会登陆火星去探险？于是乎，带着各种各样的疑问，金金和伙伴们向老师寻求答案。

　　老师告诉大家："火星上确实会发生沙尘暴，但科幻影片中描绘的风暴比实际情况夸张得多。2008年3月'勇气号'探测器曾拍摄到火星上的龙卷风，从传回地球的影像来看，与地球上的龙卷风相比较，火星上的龙卷风对地球人并没有太大的破坏力。这是因为火星表面的大气密度只有地球的百分之一，换句话说，如果你想在火星上放飞一只风筝，需要有比地球上大得多的风速，才能把它吹上天空。因此，地球与火星沙尘暴最大的不同在于火星大气压很低、空气很稀薄，即使是同样的风速吹同样的物体，物体受到的强度要比地球上低得多，更何况火星最强沙尘暴的风速只有每小时96千米，还不到地球上12级以上台风风速的一半。事实上，'机遇号'探测器自2004年登陆火星以来，仅在2007年遇到过一次最强沙尘暴，如今仍在火星上安然无恙地工作。"

金金按捺不住好奇问老师："既然如此，那么，什么时候人类也可以像科幻影片那样登上火星去探险呢？"

老师回答说："近百年来，人类登陆火星的愿望越来越强烈，有关这类题材的科幻电影也如雨后春笋般纷至沓来。在2000年上映的一部影片中，描绘了2050年地球正逐步走向毁灭的可怕情景，移民火星成了人类的唯一选择。主人公作为拯救人类行动的高级指挥官，和她的探险小队踏上了登陆火星的旅程，他们要去解决人类在火星生存中面临的一系列问题，为人类的大迁徙做好充分准备……结果，他们意外地发现，看似不毛之地的火星，居然早有其他生命存在。事实上，不少科学家长期以来也始终在寻找火星上有生命存在或适合人类生活的种种证据。他们认为，人类居住的地球将会面临越来越多的生存危机，如今人们积

极地去探索和研究火星，并非一件浪费时间和金钱的事情，这就好比是哥伦布开启美洲航海之旅发现新大陆一样的伟大创举，更是一项关乎人类命运的未雨绸缪的宏伟计划。"

　　金金接着又问老师："那么，迄今为止科学家们对火星的探索和研究，究竟取得了哪些重大的发现和进展呢？"

　　老师告诉金金："从1971年第一个'活着'踏上火星表面的苏联'火星3号'探测器开始，迄今为止，先后已有7个火星探测器在火星成功登陆，它们向地球发回了大量数据、照片及图像等信息，为科学家们探索和研究火星提供了有力的线索和依据。最近，美国宇航局首席科学家宣称，'好奇号'探测器已在火星地表下面找到了液态水、含氯碳化合物等构成生命最基本成分的化学物质。这种液态水是一种盐水而不是纯净水，且火星的环境温度极低、空气稀薄干燥。火星在距今46亿年前形成时，也具有像地球那样厚厚的大气层、湖泊、河流、火山和冰川等地貌特征。所以，有朝一日，火星有可能会适宜人类居住。美国科学家坚信不疑地认为，从目前获得的种种迹象表明，在火星上可能还有微生物。为此，美国宇航局计划在2020年再发射一个火星探测器，专门去寻找火星古代存在生命的迹象。科学家乐观地

预言，可能会在2025年之前找到地球以外生命存在的确凿证据。"

金金接着问老师："那么，下一个火星探测器将采用怎样的新技术，来完成火星生命迹象的探测任务呢？"

老师回答说："对于未来的探测任务，科学家将研制一种自主操作能力更强的机器人，并把它送上火星。这是因为机器人活动能力越强，走得越远，找到火星存在生命迹象的可能性就越大。而想要实现这个目标，科学家与机器人之间进行沟通的时间则越长越好。通常，支撑机器人一切活动的能源，都要依靠机器人自带的电源，仅在火星上与地球之间完成通信连接的耗电时间，少则需要15分钟，多则需要40分钟，而从火星传递信息到地球的耗电时间，一般需要几个小时的时间，这就意味着机器人必须具备足够大的电源容量才行。除此之外，机器人的行走、挖掘、取样和拍摄等一系列活动都会耗费电力，因此，必须把机器人变成一名真正的科研小组'成员'。据悉，欧洲航天局正在研制一种能执行这项新任务的火星探测器。这个被命名为'Mallomars'的火星探测器重达300千克，配备有一个2米长的钻头，可以用来探测生命的生物标记，科学家计划将它派遣到'盖尔'陨石坑及周边高山等危险地带，去寻找可能存在的生命迹象。"

　　金金忍不住问老师："那么，科学家究竟能有多大把握找到强有力的证据呢？"

　　老师告诉金金："几个月前，美国宇航局对新闻媒体披露，'好奇号'火星探测器惊人地发现疑似留在火星上的外星人'骸骨'，这让一些相信外星存在生命的科学家兴奋不已，就连大名鼎鼎的物理学家和宇宙学家霍金都坐不住了。几年前，霍金曾对媒体记者说过，虽然外星有可能会存在着生命，但人类不应主动去寻找'它们'，并尽量避免与'它们'接触。然而这次'好奇号'火星探测器惊人的发现，让霍金改变了主意。2015年10月，他与俄罗斯投资大亨尤里·米尔纳联手宣布了一项新计划：将投资1亿美元开展被命名为'突破倾听'的行动。也就是说，科学家将在未来10年内利用最先进的射电天文望远镜，对最接近地球的100万颗恒星进行扫描，以便搜寻地球之外的生命。科学家们满怀信心地认为，有望在20至30年中找到外星生命的有力证据，为移民火星创造前提条件。"

未来太空城的设想

太多的太空科幻电影冲击着人们的眼球，将来人们会不会生活在太空？未来太空城究竟长啥模样？这些遐想始终萦绕在杭杭的脑海里。杭杭是全班公认的"太空迷"。

有一天，老师告诉杭杭和太空爱好小组里的其他成员，将带他们去参观科学家设计的未来太空城。杭杭和同学们兴高采烈地登上了一辆大巴车。大巴车向城外郊区驶去，过了不久，停在了一幢神秘的研究中心大楼前。在老师和接待员的引导下，杭杭和同学们走进了一间酷似演播室的大厅。

一位头发花白的专家和颜悦色地告诉大家："早在20世纪七八十年代，当航天空间站刚刚起步时，一些科学家就已有了建造太空城的想法，诸如'向日葵城''斯坦福城''奥尼岛'等一系列太空城的设计方案纷纷跃上纸面，有的科学家乐观地认为，凭借密闭生态循环系统和丰富的太空能源，独立的太空城可以自给自足地发展。有的科学家却表示，太空城可以建造在像月球、火星等与地球类似的星球上，而并非像目前供宇航员短期生活的航天空间站……总之，人类进入太空生活的美好愿望总有一天会实现。"

专家话锋一转说："也许1000年后，当地球变暖最终摧毁人类的家园时，已建造在火星或宇宙里的太空城将成为拯救人类的'诺亚方舟'，那么，这种太空城究竟会是什么模样呢？有一点是可以肯定的，太空城里的各种建筑物在地球上是极为少见的，有的像金字塔，有的像正方体，有的像圆筒，有的简直就像个巨大无比的机器魔方……请大家观看正前方的大屏幕，随我一起参观一下未来的几座太空城。"

只见专家手握一个类似遥控器的装置，随着大厅灯光渐渐变暗，大屏幕上一幅幅3D立体画面扑面而来，犹如身临其境一般把杭杭他们带进了一个外形酷似圆筒的太空城。

在这个长32千米、直径6.4千米的太空城市里，被分割成3个居住区和3个天窗区，可以居住几十万人。从城市的一头走到另一头，得花费六七个小时。因为它是全封闭的，生活环境和地球完全一样，也有着和地球相同的重力作用，所以要生活在太空城的人类和所有物品都不会像空间站那样因失重而飘荡在空中。由巨大玻璃构成的3个天窗间隔相等并与筒身一样长，在外部装有平面反射镜，通过电脑控制按一定规律转动，将照射到它上面的太阳光以不同的角度反射到太空城，让"天空"像地球一样日出日落。城区划分成行政区、住宅区、文化区、游览区和商业区，整个城区则山清水秀，体育场、影院、酒店、太空码头、超市、学校应有尽有，汽车没有噪声和废气，环境比地球更好，几十万人生活在这个"圆筒"里一点儿也不会感到拥挤。圆筒顶部还有一个像大号茶杯模样的自动化农场，农场里的粮棉、蔬

菜、瓜果等植物通过光合作用，吸收人和动物呼出的二氧化碳，不仅其果实硕大无比，一年可以收获四五次，而且其产量要比地球高出好几倍；设在圆筒中心轴部分的工厂区，生产的产品不仅丰富齐全，而且由于没有离心力，还能生产出可浮在水上的泡沫钢、透明的金属膜、纯净的巨形晶体等在地球上无法生产的东西……好一个天上人间，同样的面积居然可以比地球多养活几倍人。

正当杭杭感到不可思议时，音响里传来了专家的话语，专家告诉大家："如何让太空城产生与地球一样的人造重力呢？科学家的解决方案是让这个圆筒形的太空城市不停地旋转。也就是说，这个圆筒形太空城市以中心轴为旋转轴，每分钟自转一圈，让圆筒内壁产生一股离心力，它的大小恰好与地球表面的重力相等。于是，圆筒的内壁正好可以作为城市的地面。因此，生活在太空城的人们，站在圆筒内壁地面上和站在地球地面上的感觉是一样的。所不同的只是无论你站在哪儿，你的头顶都正好对着圆筒的中轴线，透过天空中的浮云，你能隐隐约约看到头顶上的'地面'。在那里，山峰、树木、房屋和行人都是头朝下倒立着的，与你相映成趣，这种情景你能想象出来吗？"

专家继续解释说："建造这样一座太空城并非一件容易的事，它至少需要几百万吨的建筑材料，如果从地球上运送这么多的材料，那就十分费时费力。科学家设计了一个省时省力的方案：在建太空城之前，首先对月球或地球附近的小行星进行开发。也就是说，利用月球或地球附近小行星上的资源来建造太空城。科学家发现月球及地球附近小行星的岩石中含有丰富的铝、铁、钛、硅、氧等元素，建造太空城所需的95%的材料都可以从那里找到。以月球为例，它的地心引力要比地球小得多，从地球向太空运送建材要达到每秒11200米的速度才行，而从月球运送只需达到每秒2400米就行。因此，从月球运送建材要比地球节省95%的能量。科学家估计，只要派150名工人登陆月球，每年就可以开采100多万吨矿石，然后利用磁力发射装置将矿石抛射到设在空间的冶炼厂，并利用太阳能对矿石进行加热、冶炼和加工，生产出各种铝材、玻璃、砌块、涂料等各种建筑材料和构件，最后再派遣一支由机器人组成的建筑队伍，到太空轨道上去进行前所未有的高空作业。在技术人员的指挥操控下，把各种建材和构件装配成一座太空城。"

专家亲自操纵了一下装置，大屏幕上又呈现了太空城里的另一幅景象：那是一座漂亮透明的水晶大楼。走进大楼，第一层到第三层是大型食品自选超市，蔬菜水果、酒类饮料、调料副食品、肉类鸡蛋、糖果糕点和大米应有尽有；第四层到第八层是杂货店、服装店、百货店和电器店；第九层到第十二层是饭店、酒吧、咖啡馆、歌舞厅和影视城……这种人来人往、人头攒动的繁华情景，与人们梦想中的"天上宫阙"并无什么两样。

最后，专家告诉大家："尽管科学家已经设计出惊世骇俗、各具特色向太空移民的方案，但是就如今人们所能达到的科技水平而言，真正要实现建成太空城的宏伟目标，至少需要几代人坚持不懈的努力才能完成。究竟是100年、500年，还是800年、1000年？这也许是留给后人的一道'费尔巴赫猜想'式的难题。"